JN233395

電子情報通信工学シリーズ

電気回路

■浜田 望 著

森北出版株式会社

電子情報通信工学シリーズ

■ 編集委員 代表

辻井　重男　東京工業大学名誉教授
　　　　　　中央大学研究開発機構教授
　　　　　　(元)情報セキュリティ大学院大学学長
　　　　　　工学博士

■ 編集委員

浅田　邦博　東京大学教授
　　　　　　工学博士

酒井　善則　東京工業大学名誉教授
　　　　　　放送大学東京渋谷学習センター所長
　　　　　　工学博士

中川　正雄　慶応義塾大学名誉教授
　　　　　　工学博士

村岡　洋一　早稲田大学名誉教授
　　　　　　Ph. D

(五十音順)

本書のサポート情報などをホームページに掲載する場合があります. 下記のアドレスにアクセスしご確認下さい.
https://www.morikita.co.jp/support/

■本書の無断複写は著作権法上での例外を除き禁じられています.複写される場合は,そのつど事前に(一社)出版者著作権管理機構(電話 03-5244-5088, FAX03-5244-5089, e-mail:info@jcopy.or.jp)の許諾を得てください.

「電子情報通信工学シリーズ」
序　　文

　人類は今，もう一つの世界を構築しようとしている．もう一つの世界とは，これまでの物理的現実世界に対して人工現実世界あるいはサイバーワールドなどと呼ばれる情報ネットワークの世界である．このような新しい世界が，電子情報通信工学を技術的基盤として国境を越えて築かれようとしている．

　こうした人類史上初めての試みを前に，電子情報通信工学の役割は飛躍的に高まり，この分野の技術者育成に対する期待も一段と大きくなっている．

　一方，学問と技術の進歩は，この分野では特に目ざましいものがあり，その全貌を理解することは容易ではない．学生諸君は，専門家としての道を歩み始めるに当たって，電子情報通信工学の基礎的な考え方と理論を系統立てて身につけなければならない．

　本シリーズは，大学学部や高等専門学校の学生を対象に，この分野を，誰にも分かるように体系的に整理した教科書として編集したものである．電子情報通信分野をデバイス・集積回路，通信，知識情報処理，コンピュータ等の四分野に分け，おのおのをその道の大家である浅田邦博，酒井善則，中川正雄，村岡洋一の各先生を中心に編集して頂いた．執筆者は，第一線の研究者であると共に，教育の現場にあって，大多数の学生に分からせる工夫も重ねてこられた優れた教育者でもある方々にお願いした．

　学生諸君が将来，新しい時代を拓いていかれるための礎として，本シリーズがお役に立てば幸いである．

1997年1月

辻 井 重 男

まえがき

　電気回路は情報・通信工学，あるいは電気・電子工学の諸分野においてきわめて重要な基礎科目の一つである．それは，電気回路に関する理論が，高度情報社会を支える集積回路をはじめとして，電子通信，コンピュータやさまざまな情報関連機器の設計に不可欠の技術であるとともに，電力システムの送配電や発電機やモーターなどの電機機器と呼ばれる装置の解析と設計でも重要な役割を果たしているからである．

　電気磁気現象を対象とするとき，物理学の一分野である電磁気学がそれを解析する一般的な原理であることは当然である．しかし，電気回路では回路を構成する素子における電圧と電流（あるいは電荷や磁束）間の関係として電磁気現象を表し，それをもとに解析と設計を行う．したがって，いったん電磁気学に基づく基本関係式が与えられたら，それ以降は電気回路理論において確立された方法を用いることで十分である．

　電気回路について学ぶことで期待されるもう一つの側面がある．電気回路での現象やその性質を知り，解析・設計手法を学ぶことで，機械振動等の動的システムについて，電気回路と共通する現象，類似性（アナロジー），両者に共通する概念や特性の理解，あるいは共通の解析手法等を身につけることができる．すなわち，他のさまざまなシステムを電気回路によるモデル化を通して理解することができる．この目的に電気回路は理想的なモデルを提供している．

　本書は，高等学校レベルの電磁気学についての知識があれば読み進めることができるように，電気回路の内容をやさしい事項からまとめたテキストである．したがって，大学や高等専門学校ではじめて電気回路について学ばれる方，電気，情報，通信以外の分野を専門とする学生諸君をも読者対象として執筆した．

本書全体の構成として，三つの部分を想定して記述した．

第一部は電気回路の最も基礎的な性質や定理，電気回路の解析方法について抵抗素子だけの回路をもとに述べている．これが1章から4章までの内容である．これらの章では，キルヒホッフの法則やそれを適用する節点解析，ループ解析，テブナンの定理などを扱う．5章と6章からなる第二部では，キャパシタとインダクタのエネルギー蓄積素子を導入し，それらを含む回路における電流，電圧の時間的な変動についての解析法を述べ，回路応答の計算法が微分方程式の解析により与えられることを明らかにした．この部分で，回路の応答が過渡状態と定常状態に分けられることを学ぶ．第三部は7章以下で，電気回路で重要な役割を果たしている正弦波状波形に対する回路の定常状態における応答解析が複素数を用いてなされることをまとめた．以上の第二部から第三部にいたる構成は，電気回路のなかで重要な位置を占める正弦波定常解析の現象面の理解につながりやすくするために採用したもので，この三部構成の根拠となっている．そのために，あるいは紙数の関係から，回路応答を計算するためのラプラス変換については省略せざるを得なくなった．ラプラス変換は微分方程式を解く便利な道具なので応用数学などの科目で学ばれることを期待する．

本書は電気回路の基礎的な教科書なので，ここに含めることができなかったより進んだ内容も数多くある．例えば信号伝送の分野では分布伝送線路，電力電送の分野では3相交流回路，非線形回路などである．これらについてはそれぞれの専攻分野に対応した内容が本書に追加して準備されるべきである．

最後に著者の遅筆にもかかわらず忍耐をもって出版にお世話をいただいた森北出版編集部各位に対して心から御礼を申し上げる．

2000年1月

著　者

目　　次

第1章　電流と電圧 ……………………………………………………1

1-1　電流と電荷　　1

1-2　電　　圧　　2

1-3　電　　源　　5

1-4　抵抗とオームの法則　　6

1-5　電力とエネルギー　　8

1-6　単位とその倍率　　9

第1章のまとめ　　9

演習問題　　10

第2章　抵抗回路とキルヒホッフの法則 ……………………………11

2-1　直列抵抗回路　　11

2-2　キルヒホッフの電圧則　　15

2-3　並列抵抗回路　　17

2-4　キルヒホッフの電流則　　20

2-5　直列並列抵抗回路　　21

2-6　供給電力と消費電力　　23

第2章のまとめ　　24

演習問題　　24

目次　v

第3章　回路解析の基本 -ループ解析・節点解析- ……………………… 26
　3-1　ループ解析　26
　3-2　節点解析　31
　3-3　混合した電源を含む回路の解析　35
　3-4　重ね合わせの定理　37
　第3章のまとめ　40
　演習問題　40

第4章　回路解析の実際 ……………………………………………………… 42
　4-1　電源の回路表現　42
　4-2　回路の簡単化による回路解析　45
　4-3　テブナンの定理，ノートンの定理　47
　4-4　従属電源の扱い方　51
　4-5　最大電力供給　52
　第4章のまとめ　54
　演習問題　55

第5章　キャパシタとインダクタ ………………………………………… 57
　5-1　キャパシタ　57
　5-2　キャパシタ・抵抗（RC）回路の応答　61
　5-3　インダクタ　65
　5-4　インダクタ・抵抗（RL）回路　67
　5-5　キャパシタとインダクタに蓄えられるエネルギー　70
　第5章のまとめ　72
　演習問題　73

第6章　回路の応答 …………………………………………………………… 76
　6-1　初期状態，過渡状態，定常状態　76
　6-2　直流電源回路の定常状態　77

vi　目　　次

　6-3　インダクタ・キャパシタ・抵抗（RLC）回路　78
　6-4　LC 回路の応答　79
　6-5　RLC 回路の応答（外部電源のない場合）　83
　6-6　RLC 直列回路の応答（直流電源を加えた場合）　88
　第 6 章のまとめ　90
　演 習 問 題　91

第7章　正弦波信号と複素数表示　　93

　7-1　正弦波信号　93
　7-2　フェザー法　96
　7-3　正弦波形に対する演算　100
　第 7 章のまとめ　105
　演 習 問 題　105

第8章　正弦波定常解析　　107

　8-1　基本的考え方　107
　8-2　基本素子におけるフェザー関係式　110
　8-3　回路のインピーダンスとアドミタンス　112
　8-4　RC 直列回路の正弦波定常解析　117
　8-5　インピーダンス，アドミタンスの周波数特性　118
　第 8 章のまとめ　122
　演 習 問 題　123

第9章　交流回路と電力　　125

　9-1　共振回路　125
　9-2　電圧伝達特性　130
　9-3　周期波形に対する回路の応答　132
　9-4　正弦波定常状態での電力　137
　第 9 章のまとめ　141

演習問題　142

第10章　2端子対回路 …………………………………145

10-1　2端子対回路　145

10-2　2端子対回路の特性（Z行列，Y行列，F行列）　146

10-3　変成器　151

第10章のまとめ　155

演習問題　155

付　録 …………………………………158

A　単位と記号　158

B　逆行列の計算法　159

C　線形定係数微分方程式の解法（1階，2階の微分方程式）　160

D　三角関数の公式　164

演習問題解答 …………………………………166
索　引 …………………………………177

第1章

電流と電圧

電気回路の最も基本的な物理量は電流と電圧である．まず，これらの基本量と，電荷や電位の関係について述べる．回路を動作させるために必要なエネルギー発生装置である電池や発電機の理想化された電源について，電源の種類として電圧源と電流源，直流電源と交流電源を定義する．直流，交流いずれの電源が加えられるかによって回路の解析方法も変わる．電気回路素子としての抵抗とそれに成立するオームの法則を説明し，最後に回路における電力とエネルギーについて述べる．

1-1 電流と電荷

電子は物質を構成する重要な粒子の一つで電気磁気現象を担っている．導体と呼ばれる物質では，電子は原子核の回りからはなれて自由に動くことができ，そのために電気を伝えることができる．一方，絶縁体は物質中を自由に移動できる電子がほとんどなく電気は伝わらない．絶縁体と導体の中間的な現象が起こる半導体では電気を運ぶ電子やホールと呼ばれる粒子の動作は複雑で，それを用いてトランジスタの多様な特性が構成される．一般に電気量を持った粒子のことを**電荷**という．電子は負の電気量をもった電荷である．電気量の単位をクーロンと呼び，記号 [C] で表す．電荷が流れることを**電流**という．電流の大きさは1秒間に流れる電気量 [C] で計る．その単位をアンペアと呼び，記号 [A] で表す．電流の方向は正の電荷の移動する方向を正とする．

図1-1に示すように導体線路の断面 S を微少時間 $\mathit{\Delta} t$ [秒；s] 当たり，$\mathit{\Delta} q$ [C] の電荷が横切るとき，この時間区間の平均電流は

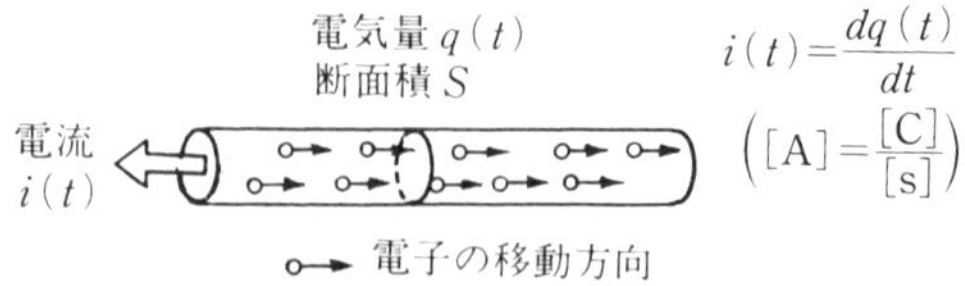

2 第1章 電流と電圧

図1-1 電子の移動と電流

$$i = \frac{\Delta q}{\Delta t} \quad [\text{A}] \tag{1-1}$$

で与えられ，これから単位間の関係，

$$[\text{A}] = [\text{C}]/[\text{s}] \tag{1-2}$$

が成立する．これらの関係を各時刻について定めると，断面 S を横切る電気量の時間的な変化が $q(t)$ で与えられたとき，電流 $i(t)$ は $q(t)$ の時間微分として

$$i(t) = \frac{dq(t)}{dt} \tag{1-3}$$

で与えられる．反対に電流が $i(t)$ であるとき，時刻 t_0 から t_T までの間に断面 S を実質的に通過した電荷の総量は積分

$$q_{\text{total}} = \int_{t_0}^{t_T} i(\tau) d\tau \tag{1-4}$$

によって与えられる．

通常，導体における電流は電子の流れによるが，電子は負の電気量を持っているので正の電気量の流れとして定義された電流の方向は電子の流れる方向と反対となる．

[**例題 1-1**] $1\,\mu\text{A} = 1 \times 10^{-6}\,\text{A}$ の電流が流れている導線の断面を1秒間に通過する電子の個数を求めなさい．なお，電子1個の電気量の大きさは $2.5 \times 10^{-19}\,\text{C}$ である．

[**解**] $1\,\mu\text{A}$ の電流は1秒間に $1 \times 10^{-6}\,\text{C}$ の電荷が導線の断面を移動するので電子の数は $1 \times 10^{-6}/2.5 \times 10^{-19} = 4 \times 10^{12}$ 個である．

1-2 電　　圧

電荷の動きはポテンシャルである**電位差**によって生じる．力学において「ポ

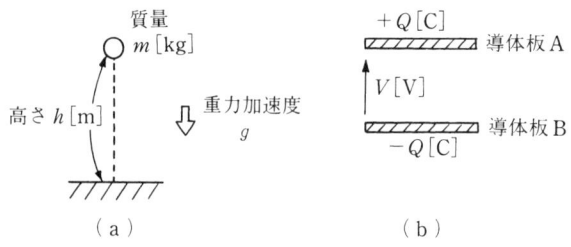

図1-2 位置のポテンシャルエネルギーと電圧

テンシャルエネルギー」としてよく知られているのは重力に関するもので，質量 m [kg] の物体を高さ h [m] まで上げたときに物体が得たポテンシャルエネルギーは

$$mgh \quad [\text{J}(ジュール)] \qquad (1\text{-}5)$$

であり，これだけの仕事をする可能性を持っている．一方，物体を上げた側からするとこれだけの仕事をしたことになる．ここに，g は重力加速度である．

いま，2枚の帯電した板 A，B があり，A に $+Q$ [C]，B に $-Q$ [C] の電荷があるとき，この両者の間にポテンシャルの差が発生している．板 A は正のポテンシャルを持ち，板 B は負のポテンシャルを持っている．このポテンシャルの差は電位差，あるいは二つの板の間の**電圧**と呼ばれ，この場合には B を基準とすると A に正の電圧がかかっている．電圧の単位はボルトで，記号 [V] を用いる．このように電位差がある2枚の導体板を図1-3(a)のように導線で接続するとそれを伝わって電荷の移動，すなわち電流が発生する．これに類似する現象が図1-3(b)に示す液体の流れである．図のタンク A の水位はタンク B の水位より高く，そのため両者をつなぐパイプの左右端で圧力差があり，パイプ中を左から右へ水が流れる．このように圧力（水圧，電位）差が

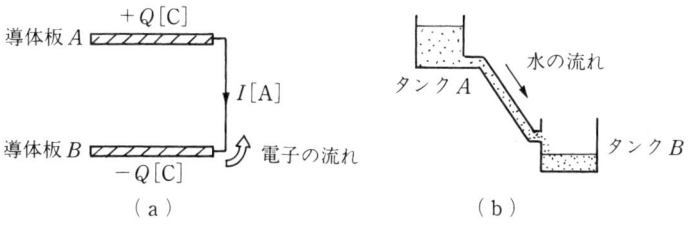

図1-3 電位差と電流，タンクにおける類推

あるところを水路や導体でつなげば水流や電流が発生する．

ここで，1ボルトの電圧がもつ意味について考えよう．いま，図1-2(b)において，1Cの電荷を板Bから板Aに移動させるにあたって，1Jの仕事が必要であったとき，板A，B両者間の電位差を1ボルトと決める．結局，移動を開始する点の電位を基準として，電位差がV[V]である2点間を電荷Q[C]を動かすとき必要とされる仕事がW[J]のとき，

$$V = \frac{W}{Q} \qquad [\text{V}] = \frac{[\text{J}]}{[\text{C}]} \qquad (1\text{-}6)$$

が成立する．すなわち，同じことであるが，電荷を動かすための仕事W[J]は

$$W = QV \qquad [\text{J}] = [\text{C}][\text{V}] \qquad (1\text{-}7)$$

である．なお，$V<0$，$Q>0$のとき，$W<0$となるので，この場合は電荷が仕事をすることになる．

電圧は2点間の電位差のことで，多くの場合，基準点として地表（アース点）がとられ，その電位をゼロとしたときの電圧が用いられる．また，図1-4に示すようにある素子の両端に正負の記号（＋，－）をつけて素子の両端の電圧Vが，基準点から計った2点の電圧V_a，V_bにより

$$V = V_a - V_b \qquad (1\text{-}8)$$

と定めたことを示す．図の右側にアースの記号を示す．

電位差のあることが電流の発生に必要であるように，電気回路を駆動するためには電位差の発生が欠かせない．

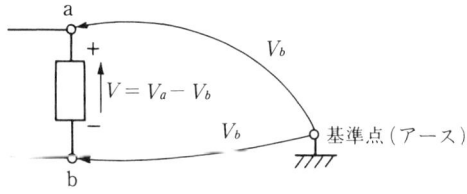

図1-4　電圧，電位差，基準点

[**例題1-2**]　10Cの電荷を点aから点bに移動するのに100Jの仕事が必要であった．この2点間の電圧（電位差）$V_a - V_b$を求めなさい．

[解] aからbへ向かうのに仕事が必要であったことより，式(*1-6*)において符号を考えて

$$V = V_a - V_b = (-W)/C = -100/10 = -10 \text{ V}$$

1-3 電　源

私たちが日常利用している乾電池は化学反応を用いて，例えば 1.5 V という一定の電圧を正負の両電極間に与えている．太陽電池は光のエネルギーを利用して電気エネルギーを発生している．このように二つの端子間で電圧を発生する回路素子（装置）を**電源**という．電源の発生する電圧を起電力ともいう．身近にある電源は乾電池のように，それに接続する素子に依存しない電圧を与えるもので，これを**電圧源**という．一方，決められた電流を流す**電流源**は実際の装置としては考えにくいがトランジスタなどのモデルとして利用される．電源にはその電圧や電流の符号が変化しない**直流電源**（DC電源）と符号が交代する**交流電源**（AC電源）の二つがある．通常，直流電源は電圧や電流の値が一定値であるものを呼ぶことが多い．また，交流電源も正弦波状の電圧・電流に限定して用いられることが多い．

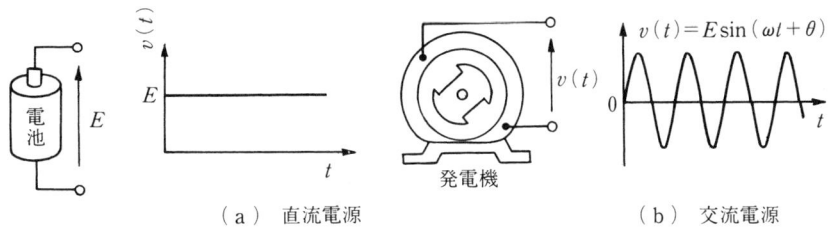

（a）直流電源　　　　　　　　　　　（b）交流電源

図 1-5　直流電源と交流電源

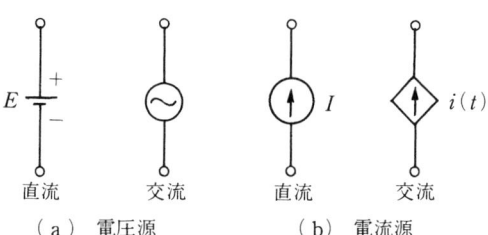

（a）電圧源　　　　　　（b）電流源

図 1-6　電圧源と電流源

電圧源の回路記号は直流電源，交流電源によって，それぞれ別の記号が用いられる．また，電圧，電流の大きさは直流には大文字の E [V] や I [A]，交流には時間の関数であることを示すために $e(t)$，$i(t)$ が用いられる．

1-4 抵抗とオームの法則
(1) 抵　　抗

電荷が移動するとき流れに抵抗する力が発生する．その結果，電荷に与えられた電気エネルギーは熱エネルギーに変換される．この作用を**抵抗**と呼ぶ．抵抗の大きさを示す抵抗値（単に抵抗ともいう）は電流の流れにくさを表す量で，物質の種類と長さ，断面積，あるいは温度などによってきまる．抵抗の記号を図1-7(a)に示す．記号に R を用い単位はオーム [Ω] が用いられる．抵抗値を変えることのできる可変抵抗の記号を図1-7(b)に示す．

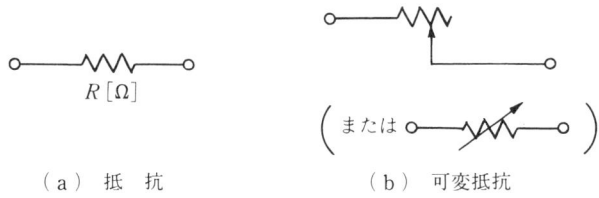

(a) 抵　抗　　　　　　(b) 可変抵抗

図1-7　抵抗と可変抵抗の記号

抵抗の逆数は電流の流れやすさを表し，これを**コンダクタンス**という．記号 G を用い単位はジーメンス [S] である．すなわち，

$$G = \frac{1}{R} \quad [\text{S}] = \frac{1}{[\Omega]} \tag{1-9}$$

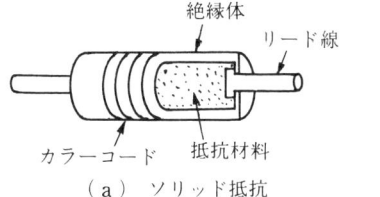
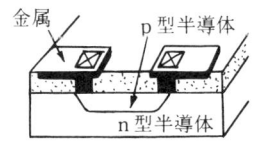

(a) ソリッド抵抗　　　(b) モノリシック抵抗
　　　　　　　　　　　　（集積回路での拡散抵抗）

図1-8　抵抗素子

抵抗は導体では小さく，絶縁体ではきわめて大きな値をとる．実際に使われている抵抗は図1-8のような円筒形のソリッド抵抗であったり，集積回路の拡散抵抗であることもある．1Ωは，両端に1Vの電位差をかけたときに電流が1Aとなる場合の抵抗値である．

（2） オームの法則

図1-9(a)に示すように直流電源により抵抗の両端に電位差 E [V] を与えたとき，流れる電流 I [A] との間に

$$I = \frac{E}{R} = GE \quad \text{すなわち，} E = RI \tag{1-10}$$

が成立する．別の表現をすれば，抵抗に電流 I [A] を流したとき抵抗両端に I に比例する電圧

$$V = RI \tag{1-11}$$

が発生する．これを**オームの法則**と呼ぶ．

電圧の方向に注意してほしい．電流の流れ込む点aからみれば点bに向かってポテンシャルが低下しており，逆に点bから点aへはポテンシャルが上昇している．オームの法則は回路を流れる電流 I が抵抗両端の電圧 V に比例することを示している．比例定数はコンダクタンス（抵抗の逆数）である．図1-9(b)において，抵抗が3Ωであるときの電流と電圧の関係を図示すると原点を通る直線となり，その傾きは $G = 1/R = 1/3$ である．

このようにオームの法則が成立する抵抗は線形抵抗と呼ばれる．一方，ある

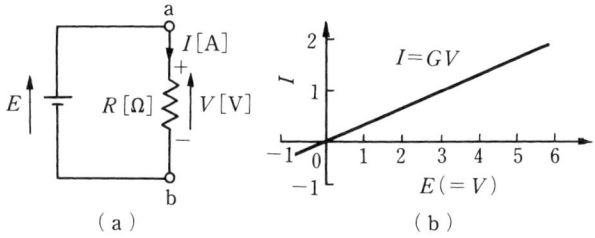

（Eが負のときは(a)において電極端子を反対にしたときを想定している）

図1-9 オームの法則

半導体では電圧と電流の関係が必ずしも線形とならず，複雑な曲線となる場合がある．これを非線形抵抗という．本書で扱う抵抗は線形抵抗のみとする．

[例題 1-3] 次の抵抗を 1.5 V の乾電池の両極間につないだ．それぞれに流れる電流の大きさを求めなさい．
　　(a)　100 Ω　(b)　1 kΩ　(c)　10 mS：ミリジーメンス
なお，答に適当な単位の倍率（付録 A 参照）を用いなさい．
[解] オームの法則より，
　(a)　$1.5/100 = 0.015\,\mathrm{A} = 15\,\mathrm{mA}$　(b)　$1.5/10^3 = 1.5 \times 10^{-3} = 1.5\,\mathrm{mA}$
　(c)　$1.5 \times 10 \times 10^{-3} = 15\,\mathrm{mA}$

1-5　電力とエネルギー

図1-9(a)に示す回路では抵抗によって電気エネルギーが熱エネルギーに変えられ，電池は仕事をしたという．工学では仕事量だけでなく仕事率とも呼ばれるパワーが重要である．これは単位時間になされた仕事である．電気回路でのパワーを**電力**と呼ぶ．例えば，先に示した図1-3(a)のように電荷 Q [C] が電位差 V [V] である導体間を移動するときの仕事は，式(1-7)で与えたように $W = VQ$ [J] である．この仕事が τ [秒] 間に行われたとき，電力 P は

$$P = \frac{W}{\tau} \tag{1-12}$$

によって定義される．電力の単位はワットであり，記号 [W] が使われる．これに $W = VQ$ を代入し，電流の定義 $Q/\tau = I$ から，

$$P = \frac{W}{\tau} = V \cdot \frac{Q}{\tau} = VI \tag{1-13}$$

となる．すなわち，電力は電圧と電流の積で与えられる．図1-9の抵抗において熱として消費される電力は

$$P = VI = RI^2 = \frac{V^2}{R} \tag{1-14}$$

となる．このとき図1-9(a)に示された電流と電圧に選ばれている方向に注意してほしい．図に示す方向を正の方向としたとき，上で求めた P は電力の消費量を表している．一方，電源側では電流 I と電圧 E の互いの方向が抵抗と

は逆になっているので，同じ P であっても消費電力ではなく供給電力を与えていることになる．

このような電力 P [W] が t 秒間にわたって消費されたときの**エネルギー** W は

$$W = Pt \quad [\text{J}(ジュール) = \text{W}\cdot\text{s}(ワット・秒)] \qquad (1\text{-}15)$$

である．電力装置に関係するとき，これでは単位量が小さすぎてあまりに大きな数値を扱わねばならないので，t [時間]に消費されたエネルギーの単位，[ワット・時間]あるいは[キロワット・時間]も利用される．

[**例題 1-4**] 直流電圧 4 V を加えた電球において電力 0.2 W が消費されるという．回路を流れる電流を求めなさい．また，この電球を 30 分間，点灯したときの消費エネルギー [W·s] を求めなさい．

[解] 式(1-14)より，回路を流れる電流を I とすると，$0.2 = 4I$ なので，
$$I = 0.2/4 = 0.05 = 50 \text{ mA}$$
30 分 = 30×60 秒 = 1800 秒なので，消費エネルギーは式(1-15)より
$$0.2 \times 1.8 \times 10^3 = 0.36 \times 10 \text{ J}$$

1-6 単位とその倍率

電流，電圧，抵抗などを含む電気回路で必要とされる量の単位についてのまとめと，それらの量の倍率について慣用されているものを巻末の付録に整理している．本文中の例題，演習問題を解く際に利用してほしい．

第 1 章のまとめ
- 電荷の移動によって発生する電流は移動電荷量の微分である．
- 電位差，電圧はポテンシャルエネルギーの差で，電流を発生する力である．
- 電源の種類には直流と交流があり，それぞれの記号が用いられる．
- 抵抗・コンダクタンスの定義とオームの法則の成立．
- 電力は単位時間当たりの仕事で電圧と電流の積として与えられる．
- エネルギーの単位はジュール＝ワット・秒．

演習問題

1. 図1-9において $E=$ 一定として，R を変化させたときの，R(横軸) – I(縦軸) 特性の概略図を示しなさい．
2. ある抵抗に直流電源6Vを印加したとき，回路に次のような電流が流れた．それぞれの回路の抵抗を適当な単位の倍率を用いて与えなさい．
   (1) 3 mA　(2) 2 μA
3. 1 kΩ の抵抗に電圧9Vを1秒間かけた後，電圧を3Vに変えて2秒間加えた．最初の1秒間のときの電力 P_1 と後半の2秒間のときの電力 P_2 をそれぞれ与えなさい．また，全体を通して消費されたエネルギーの総量 W を求めなさい．
4. ある10 kΩ の抵抗は最大1Wの消費電力規格であるという．最大の許容電流 I_{max} と電圧 V_{max} はそれぞれいくらか．

第2章

抵抗回路とキルヒホッフの法則

　回路各部の電圧や電流を求めることを回路解析というが，この章ではまず，直流電源と抵抗からなる簡単な回路の解析について考える．そこで複数の素子が直列接続，並列接続された回路を一つの等価な素子に置き換える方法について学ぶ．このように複雑な回路を等価な回路に置き換える方法は回路において重要な手段である．これらの解析をとおして回路における電流，電圧の間に成立する最も基本的なキルヒホッフの電圧則，電流則を導入する．

　次に，直列接続と並列接続が混合した回路の解析について考える．ここでも等価な抵抗に変換することで問題を簡単化する方法を示す．最後に回路への供給電力，各素子での消費電力のバランスについて述べる．

2-1　直列抵抗回路

　直列接続された回路とは，図に示すように回路素子に共通の電流が流れるように接続された回路のことである．

　この回路を通して回路の基本的な構成要素である，節点，枝，ループについて説明する．電気回路は素子を接続することによって成り立っている．回路での接続線路は特に断りが無い限り抵抗はゼロと仮定される．したがって，接続線路により結ばれた部分はすべて同電位であり，線路で接続される両端子は同電位に設定されると考えればよい．図2-1では点aは抵抗R_1と電源の正極が同電位に接続されており，これを**節点（ノード）**あるいは**端子**という．例えば点a'は節点aと同じであり，新たな節点とは考えない．図の抵抗R_1は節点a

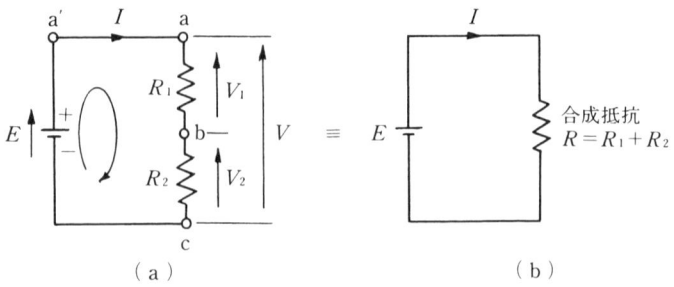

図 2-1 直列抵抗回路

とbの間に接続されている素子であり，これを**枝**（**ブランチ**）という．抵抗 R_2 や直流電源 E も同様にこの回路の枝である．例えば，抵抗 R_1 は節点aと節点bの間の抵抗であるという．図2-1に節点aから順次 R_1，節点b，R_2，節点c，電源を経由して一巡する路ができる．これを**ループ**，あるいは**閉路**という．通常ループには方向が設定されている．図では右回りの一つのループが設定されている．

ここで回路各部の電圧について考えてみよう．回路を流れる電流 I，各抵抗両端の電圧 V_1, V_2 を図に示す方向を正として定める．このとき，それぞれ R_1, R_2 の両端にかかる電圧はオームの法則から

$$V_1 = R_1 I \qquad V_2 = R_2 I \tag{2-1}$$

となる．ここで，二つの直列抵抗にかかる，節点a，c間の電圧 V は両者の和であるので，

$$V = V_1 + V_2 = (R_1 + R_2)I \tag{2-2}$$

となり，結局，節点a，b間の抵抗 R は図2-1(b)に示す抵抗（これを**合成抵抗**という）

$$R = R_1 + R_2 \tag{2-3}$$

となる．合成抵抗は図2-1(a)の直列抵抗と等価である．これを図2-1のように記号 $\equiv$ で表す．

次に，電圧 V と電源電圧 E の関係について考える．いずれも同一節点aの電圧を節点cを基準として与えるもので，

$$E = V \tag{2-4}$$

である．電圧 V は節点aの電位を，抵抗 R_2 の枝→節点b→抵抗 R_1 の枝を経

2-1 直列抵抗回路

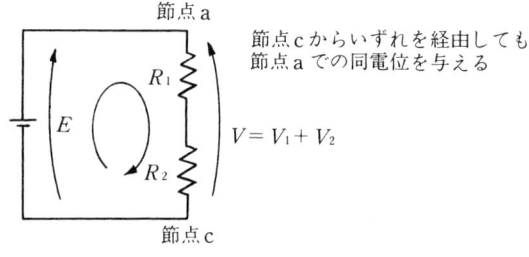

図 2-2 電位と経路

由して表したものであり，一方の E は電源の枝を経由して表したものに等しい．これは重力に関するポテンシャルエネルギーがその経路によらず各位置ごとに一意的に表される事実に対応している．一方，式(2-4)を

$$E - V = 0 \tag{2-5}$$

と書き換えると，回路におけるループに沿って電圧の上昇を正，降下を負の符号と考えて図のループの方向に一巡したときの電圧の総和を意味し，ループ一巡の電圧和がゼロであることを意味している．

このようなポテンシャルの持つ物理的性質を一般的に法則として与えるのが次節で述べるキルヒホッフの電圧則である．

ここで，$E = V$ を式(2-2)に代入すると，

$$I = \frac{E}{R_1 + R_2} \tag{2-6}$$

であり，これから電圧 V_1，V_2 は

$$V_1 = \frac{R_1}{R_1 + R_2} E \tag{2-7}$$

$$V_2 = \frac{R_2}{R_1 + R_2} E \tag{2-8}$$

となる．

これを一般化した結果が図 2-3 の直列抵抗回路について成立する．

すなわち，図 2-3 に示す N 個の抵抗が直列接続された場合，節点 a と節点 b の間の等価な抵抗 R は総和

$$R = R_1 + R_2 + \cdots + R_N \tag{2-9}$$

となる．また，これらの抵抗を流れる電流は

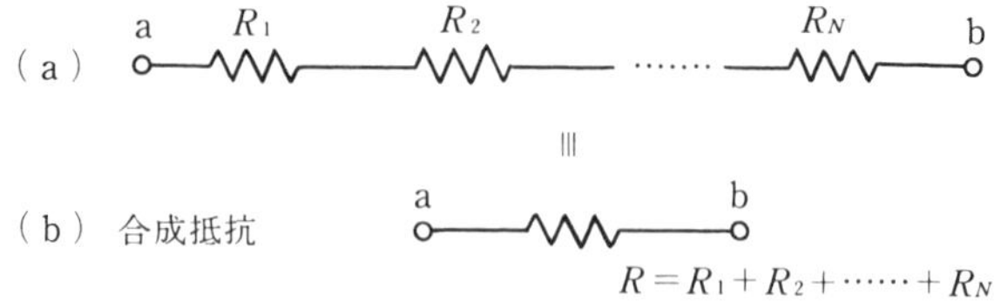

14　第2章　抵抗回路とキルヒホッフの法則

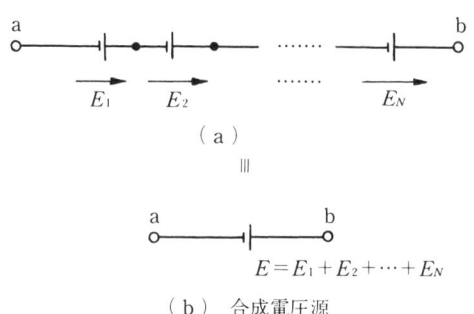

図 2-3　抵抗の直列接続

$$I = \frac{E}{R_1 + R_2 + \cdots + R_N} \qquad (2\text{-}10)$$

となる．

同様の関係は図 2-4 の直列接続された電圧源に関しても与えられ，正負の極性がそろっているとき，全体の電圧 E は

$$E = E_1 + E_2 + \cdots + E_N \qquad (2\text{-}11)$$

である．したがって図(b)に示す等価な単一の電源に置き換えることができる．

図 2-4　電圧源の直列接続

[例題 2-1]　分圧抵抗回路

直列抵抗回路は電源電圧からそれ以下の任意の電圧を取り出すときに利用できる．図 2-5 に示す回路の電圧 V はすでに求めたように

$$V = \frac{rE}{R + r} \qquad (2\text{-}12)$$

となる．電圧 V は R と r の組み合わせで，$0 \sim E\,[\mathrm{V}]$ の任意の電圧に設定することができる．これを電圧の降下といい，この回路を分圧抵抗回路という．

(a)　$R = 10\,\mathrm{k\Omega}$ としたとき，$V = E/3\,[\mathrm{V}]$ となる r を求めなさい．

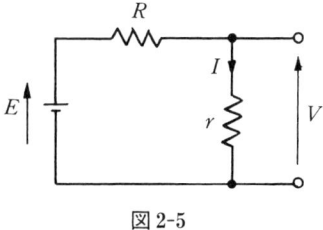

図 2-5

(b) $E = 9\,\text{V}$ とし,$I = 1\,\text{mA}$ とした上で $V = E/3 = 3\,\text{V}$ とするための R,r を求めなさい.

[解] (a) 電圧比 $V/E = r/(R+r) = 1/3$ より,$r = R/2 = 5\,\text{k}\Omega$
(b) $R = 2r$,と式(2-12)より,
$$9/(R+r) = 1 \times 10^{-3}\,\text{A}$$
より,$r = 3\,\text{k}\Omega$,$R = 6\,\text{k}\Omega$

2-2 キルヒホッフの電圧則

図 2-6 に示す回路における,あるループ A を考える.ここで,ループを形成する各枝の電圧の方向が図のように定められているものとする.ループの方向にとった枝電圧の総和がゼロとなることを示すのが**キルヒホッフの電圧則**である.このときループ方向に沿っての各枝の電圧は,ループ方向にそって枝電圧が上昇する(両者の方向が一致する枝 1,2,5)ときは正,反対に降下(方向が反対の枝 3,4)のときは負として足し算する.このような和を代数的な和という.

このとき,定理は次のように与えられる.

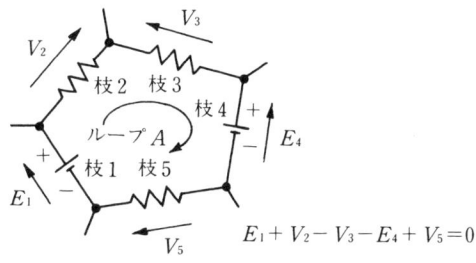

$E_1 + V_2 - V_3 - E_4 + V_5 = 0$

図 2-6 キルヒホッフの電圧則

16 第2章 抵抗回路とキルヒホッフの法則

キルヒホッフの電圧則 (KVL: Kirchhoff's Voltage Law)

回路の任意のループにそって枝電圧の代数和をとると常にゼロとなる．これを式で表現すると

$$\sum_{\text{ループ内の枝}} (\text{枝電圧}) = 0 \qquad (2\text{-}13)$$

あるいはループの方向と電圧の方向を考慮して次の式で表すこともできる．

$$\sum_{\text{ループ方向に電圧が上昇する枝}} (\text{枝電圧の大きさ}) = \sum_{\text{ループ方向に電圧が下降する枝}} (\text{枝電圧の大きさ}) \qquad (2\text{-}14)$$

例えば，図2-6のループでは，

$$E_1 + V_2 - V_3 - E_4 + V_5 = 0 \qquad (2\text{-}15)$$

あるいは，

$$E_1 + V_2 + V_5 = V_3 + E_4 \qquad (2\text{-}16)$$

が成立する．

[**例題 2-2**] 図の回路で成立するキルヒホッフの電圧則をすべて与えなさい．

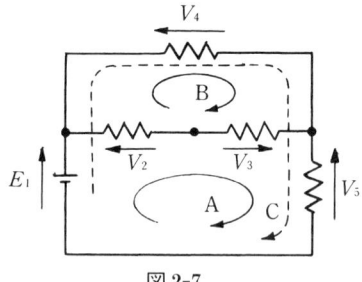

図 2-7

[**解**] 図に示す三つのループA，B，Cについて

$$E_1 - V_2 + V_3 - V_5 = 0 \qquad (2\text{-}17)$$
$$V_2 - V_3 - V_4 = 0 \qquad (2\text{-}18)$$
$$E_1 - V_4 - V_5 = 0 \qquad (2\text{-}19)$$

ここで，式(2-17)，(2-19)の差(2-19)−(2-17)をとると，

$$V_2 - V_4 - V_3 = 0$$

となり，ループBの式(2-18)が導かれる．したがって，三つのループから与えられ

る関係式は互いに独立ではなく，二つの式から残りの式が与えられる．

2-3 並列抵抗回路

並列接続された回路は，図 2-8 に示すように回路素子に共通の電圧がかかるように接続された回路のことである．

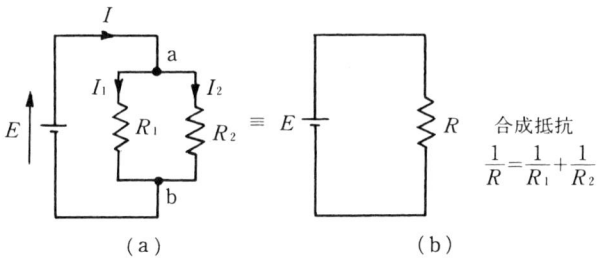

図 2-8 並列抵抗回路

この回路では節点は a, b の二つであり，節点 a, b 間の電圧は E で，R_1, R_2 に同じ電圧がかかっている．各枝にそれぞれ電流 I_1, I_2 が図に示す方向に流れるものとする．このとき，オームの法則から

$$I_1 = \frac{E}{R_1}, \qquad I_2 = \frac{E}{R_2} \qquad (2\text{-}20)$$

となる．あるいは，抵抗 R_1, R_2 のコンダクタンスを $G_1 = 1/R_1$, $G_2 = 1/R_2$ とすると，

$$I_1 = G_1 E, \qquad I_2 = G_2 E \qquad (2\text{-}21)$$

ここで，電圧源のプラス端子から節点 a に流れる電流 I は抵抗 R_1, R_2 の両者に流れる電流の和であるので，

$$I = I_1 + I_2 = \left(\frac{1}{R_1} + \frac{1}{R_2}\right)E \qquad (2\text{-}22)$$

あるいは，

$$I = I_1 + I_2 = (G_1 + G_2)E \qquad (2\text{-}23)$$

となる．結局，a, b 端子間の抵抗は図(b)に示す抵抗（合成抵抗）

$$\frac{1}{R} = \frac{1}{R_1} + \frac{1}{R_2} \qquad (2\text{-}24)$$

すなわち

$$R = \frac{R_1 R_2}{R_1 + R_2} \quad (\triangleq R_1 \mathbin{/\mkern-6mu/} R_2)$$

カッコ内のように上式右辺を，記号 $R_1 \mathbin{/\mkern-6mu/} R_2$ で表わすことがある．簡単な計算から

$$R_1 \mathbin{/\mkern-6mu/} R_2 < R_1 \tag{2-25}$$

$$R_1 \mathbin{/\mkern-6mu/} R_2 < R_2 \tag{2-26}$$

が常に成り立つ．第一式は「抵抗 R_1 に並列のバイパス抵抗 R_2 を接続すれば必ず抵抗は R_1 より減少する」と直観的に理解しておいてほしい．

式(2-22)では，電源から節点 a に流れ込む電流 I が，抵抗 R_1 の枝に流出する電流 I_1 と抵抗 R_2 の枝に流出する電流 I_2 の和になることを利用した．これは一つの節点に流入する電流の和と流出する電流の和は等しい事実を用いたものである．これは電荷の保存則として知られている事実から自明のことである．例えば流体の場合にはこの性質は質量保存の法則に対応するもので，電流における同じ法則を一般的に与えるのが次節で述べるキルヒホッフの電流則である．

抵抗の並列接続に関する式(2-24)の関係を一般化したものが図 2-9 である．

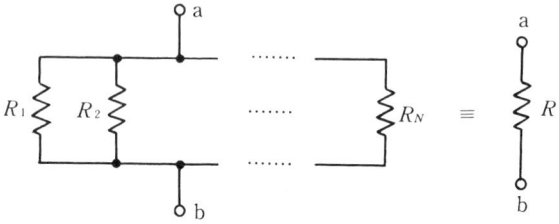

図 2-9　抵抗の並列接続

すなわち，図 2-9 に示すように，N 個の抵抗が並列接続された場合，節点 a と節点 b 間の等価な抵抗 R は

$$\frac{1}{R} = \frac{1}{R_1} + \frac{1}{R_2} + \cdots + \frac{1}{R_N} \tag{2-27}$$

a - b 間に電圧 E をかけたとき，流れる電流 I は

$$I = \frac{E}{R} = \left(\frac{1}{R_1} + \frac{1}{R_2} + \cdots + \frac{1}{R_N}\right) E \tag{2-28}$$

となる．これらをコンダクタンスを用いて書くと，節点 a と節点 b 間の合成コンダクタンス G は

$$G = G_1 + G_2 + \cdots + G_N \qquad (2\text{-}29)$$

となる．また，これらの抵抗を流れる電流は

$$I = (G_1 + G_2 + \cdots + G_N)E \qquad (2\text{-}30)$$

である．

これらと同様に，電流源の並列接続に対して図 2-10 の結果が成立する．

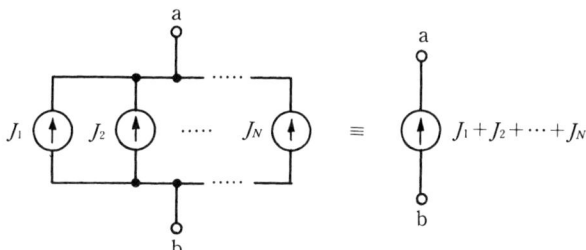

図 2-10　電流源の並列接続

[例題 2-3]　電流分流回路

図 2-11 に示す回路において，端子 a から流入する電流を I とするとき，抵抗 R_1，R_2 を流れる電流 I_1，I_2 を求めなさい．

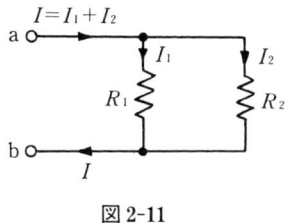

図 2-11

[解]　$I = I_1 + I_2$ と　$R_1 I_1 = R_2 I_2$ より，　$(2\text{-}31)$

$$I_1 = \frac{R_2}{R_1 + R_2} I \qquad I_2 = \frac{R_1}{R_1 + R_2} I \qquad (2\text{-}32)$$

となり，電流 I はそれぞれ I_1 と I_2 に分割される．このため並列接続された抵抗回路は電流の分流回路と呼ばれる．

2-4 キルヒホッフの電流則

図2-12に示す回路の節点pを考える．節点pに流入する電流の総和（$I_1 + J_4$）と流出する電流の総和（$I_2 + I_3$）が等しいことが**キルヒホッフの電流則**である．そこで，電流の符号を流入と流出で正および負と変えれば，節点に流入する電流の代数和はゼロになるといえる．すなわち，次の定理が与えられる．

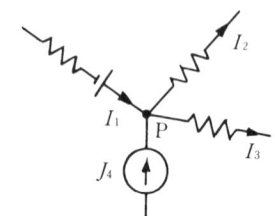

図 2-12 キルヒホッフの電流則

キルヒホッフの電流則（KCL：Kirchhoff's Current Law）

回路の任意の節点においてその節点に接続されたすべての枝電流の代数和はゼロである．これをある節点pについての表現にすると，

$$\sum_{\text{節点pにつながる枝}} (\text{枝電流}) = 0 \tag{2-33}$$

あるいは電流の方向を分離して次の式で表すこともできる．

$$\sum_{\text{節点pに電流が流入する枝}} (\text{枝電流の大きさ}) = \sum_{\text{節点pから電流が流出する枝}} (\text{枝電流の大きさ}) \tag{2-34}$$

例えば，図2-12の節点pでは，

$$I_1 - I_2 - I_3 + J_4 = 0 \tag{2-35}$$

あるいは

$$I_1 + J_4 = I_2 + I_3 \tag{2-36}$$

が成立する．

［**例題 2-4**］ 図2-13の回路の各節点で成立するキルヒホッフの電流則を与えなさい．

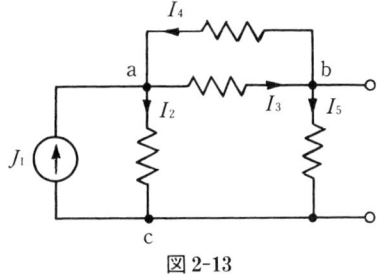

図 2-13

[解] それぞれの節点での電流則は

節点 a　　$J_1 - I_2 - I_3 + I_4 = 0$ 　　　　　　　　　　　　　$(2\text{-}37)$

節点 b　　$I_3 - I_4 - I_5 = 0$ 　　　　　　　　　　　　　　　$(2\text{-}38)$

節点 c　　$-J_1 + I_2 + I_5 = 0$ 　　　　　　　　　　　　　　$(2\text{-}39)$

である．節点 a，b での二つの方程式の和をとると，$J_1 - I_2 - I_5 = 0$ となり，これは節点 c での結果の符号を変えたもので，すべての節点についての式は互いに独立ではない．いずれの節点の式も残りすべての節点の式から導くことができる．

2-5　直列並列抵抗回路

図 2-14 に示す直列接続と並列接続が混合した回路の解析において節点 a，c 間の抵抗（合成抵抗）と I_1，I_2 を求めよう．

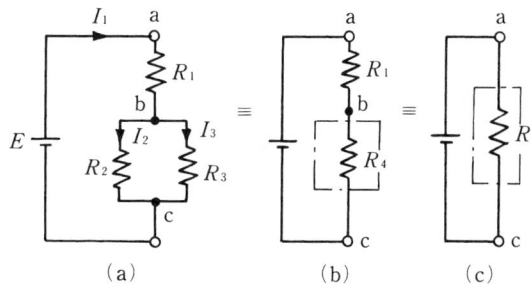

図 2-14　直並列抵抗回路

ここで，直列・並列回路において学んだ合成抵抗に変換することで問題を簡単化する方法を明らかにする．

I_1 を求めるために節点 b，c 間の合成抵抗を求める．R_2，R_3 の並列接続は式$(2\text{-}24)$により合成抵抗が

となる(図(b)).さらに,R_1とR_4の直列接続による合成抵抗は

$$R_1 + R_4 = \frac{R_1 R_2 + R_2 R_3 + R_3 R_1}{R_2 + R_3} = R \tag{2-41}$$

で,これがa,c間の合成抵抗(図(c))である.

したがって,I_1は

$$I_1 = \frac{E}{R} = \frac{(R_2 + R_3)E}{R_1 R_2 + R_2 R_3 + R_3 R_1} \tag{2-42}$$

一方,I_2はI_1を分流する回路の電流であり,式(2-32)の結果から

$$I_2 = \frac{R_3}{R_2 + R_3} I_1 = \frac{R_3}{R_1 R_2 + R_2 R_3 + R_3 R_1} E \tag{2-43}$$

となる.このようにして直列回路,並列回路を組み合わせながら適用すればよい.

$$R_4 = R_2 \mathbin{/\!/} R_3 = \frac{R_2 R_3}{R_2 + R_3} \tag{2-40}$$

[回路の短絡と開放]

回路の枝抵抗の特別な場合として枝の**短絡**(ショート)と**開放**(オープン)とがある.短絡は抵抗がゼロであり,開放は抵抗が無限大となる場合である.それぞれ,枝電圧がゼロ,枝電流がゼロとなる(図2-15).

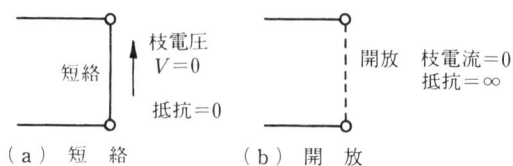

図2-15　回路の短絡と開放

例えば,図2-16のように直列回路素子に開放枝があると電流は流れない.このとき開放枝b,c間の電圧はキルヒホッフの電圧則より

$$E - V_{ab} - V_{bc} - V_{cd} = 0 \tag{2-44}$$

また,$I = 0$より,$V_{ab} = V_{cd} = 0$なので,$V_{bc} = E$である.

節点cを基準電位としてbの電圧がEであり,cとdの電位,aとbの電位は等しい.a,b間の等価な抵抗値は無限大である.

※ 本文の式番号は (2-40) が最初に来るが,ページ冒頭に配置されている.

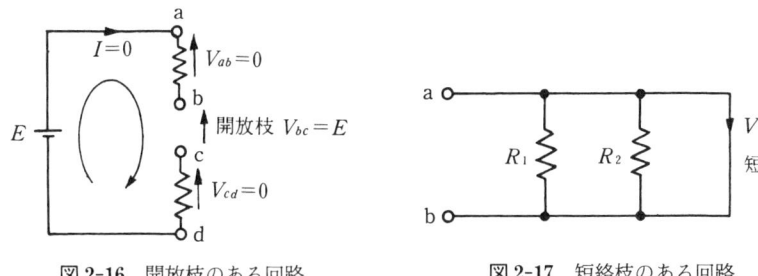

図 2-16 開放枝のある回路　　図 2-17 短絡枝のある回路

一方，図 2-17 のように並列抵抗回路素子に短絡枝があると，a，b 間の電圧がゼロとなるので節点 a，b は同一電位と考えてよい．すなわち，a，b 間の等価な抵抗はゼロとなる．

2-6　供給電力と消費電力

図 2-1 を例として電源から供給される電力と，抵抗で消費される電力について考えてみよう．すでに 1 章で定義したように，図 1-9 に示す電圧と電流の方向を正とするとき，この抵抗素子で消費される電力は $P = VI$ であった．したがって，図 2-1 の電源について考えると，電圧 E，電流 I は図 1-9 の V，I の設定された方向と逆になっているので，

$$P_G = EI \tag{2-45}$$

は電源から供給される電力である．一方，R_1，R_2 でそれぞれ消費される電力 P_1，P_2 は式 (2-7) と式 (2-8) より

$$P_1 = V_1 I = \frac{R_1}{R_1 + R_2} EI, \quad P_2 = V_2 I = \frac{R_2}{R_1 + R_2} EI \tag{2-46}$$

これら三つの電力に対して，供給と消費のバランス収支式

$$P_G = P_1 + P_2 \tag{2-47}$$

　　　（電源からの供給電力＝各素子で消費される電力の和）

が成立する．これは物理学におけるエネルギー保存則のことでもある．

第2章のまとめ

- 回路は素子を接続して，そこにできるループ電流や節点電圧が与えられるものである．二つの節点を接続することで両節点の電位を等しくしている．
- 直列接続された抵抗の合成抵抗はすべての抵抗の和，並列接続された抵抗での合成コンダクタンスはすべてのコンダクタンスの和となる．
- ループにそっての電圧の代数和はゼロ（キルヒホッフの電圧則）
- 節点につながるすべての枝電流の代数和はゼロ（キルヒホッフの電流則）
- 直列接続と並列接続が混合した回路の解析では直列，並列抵抗を等価抵抗に変換することで問題を簡単化できる．
- 回路では供給電力と各素子の消費電力和とがバランスしている．

演習問題

1. 図 2-18 の直列回路を流れる電流 I を求めなさい．

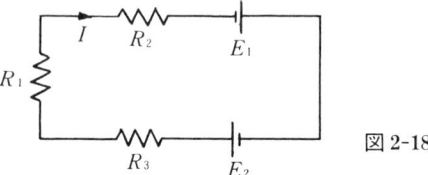

図 2-18

2. 図 2-19 の回路においてキルヒホッフの電圧則を用いることで，図の電圧 V_a, V_b, V_{ab} を求めなさい．

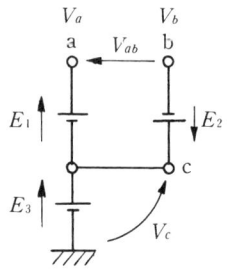

図 2-19

3. 図 2-20 に示す三つの抵抗の並列接続回路を考える．端子 a から電流 I [A] を流すとき，比率 $I_1 : I_2 : I_3$ を簡単な整数で与えなさい．

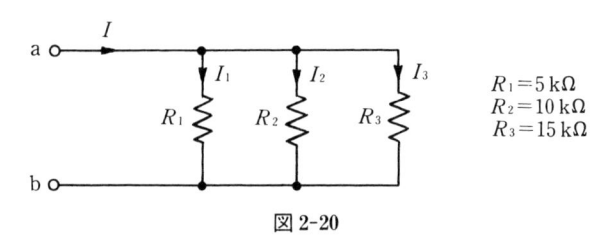

図 2-20

4. 電源を含む図 2-21 の回路において，節点 a, b, c で成立するキルヒホッフの電流則を与えなさい．

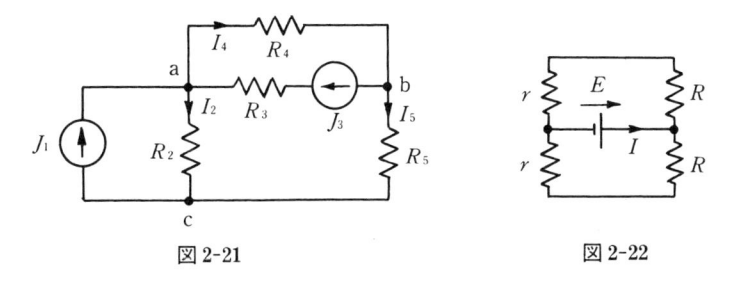

図 2-21

図 2-22

5. 図 2-22 の回路において，電流 I を求めなさい．

6. 図 2-23 のように直流電源から負荷 R に抵抗 $r/2$ [Ω] である線路を用いて直流電力を供給することを考える．抵抗 R [Ω] で消費される電力と電源が線路を含む回路全体に供給している電力の比が

$$\eta = \frac{R \text{ による消費電力}}{\text{電源からの供給電力}} \geq 0.98 \quad (98\% 以上)$$

を満たすようにするには r をいくら以下にすればよいか．

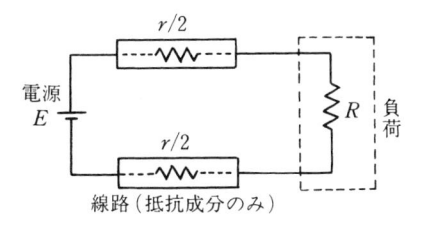

図 2-23

第3章

回路解析の基本 －ループ解析・節点解析－

　前章で回路解析の基本的な法則であるキルヒホッフの電圧則（KVL）と電流則（KCL）について学んだ．ここではこれらを適用して回路内の電圧，電流を求める手法であるループ解析と節点解析について説明する．これらはそれぞれ電源として，電圧源だけを含む場合と，電流源だけを含む場合に有効である．両方の電源を含む一般的な回路についてはループ解析や節点解析を修正して利用する方法を紹介する．最後に，線形回路において成立する重要な「重ね合わせの定理」について説明し，これによる一般的な回路の解析についても考える．

3-1　ループ解析

　ループ解析は回路にループ（閉路）を想定し，その閉路に成立するキルヒホッフの電圧則（KVL）によって解析を行う方法で，電圧源を含む回路に直接適用することができる．

（1）ループ電流

　図3-1に示す回路について考えよう．
　この回路における枝は，三つの抵抗枝 R_1, R_2, R_3 と二つの電圧源枝 E_1, E_2 の合計五つである．これらに番号をつけて，枝1，…，枝5と呼び，図（a）のように定める．番号の付け方は任意である．次にこの回路の節点は（a）に示す⓪，①，②，③のように合計四つある．この回路におけるループとして，

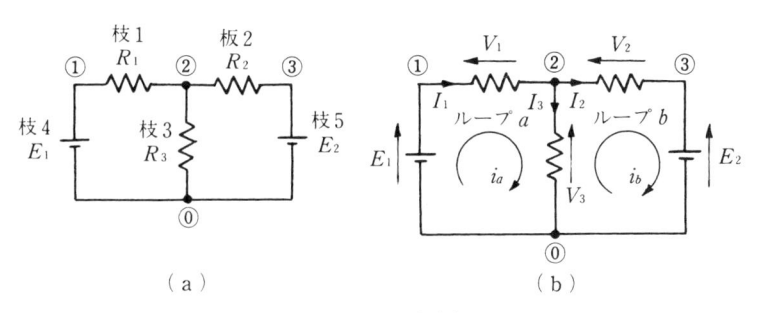

図3-1 ループ電流

図(b)の二つのループa, bをとり，ループに流れる仮想的な電流 i_a, i_b（これを**ループ電流**という）を考える．回路における枝や節点は直接与えられるが，ループには多くのとり方が考えられる．この回路から二つのループを選ぶとしても，一意に決められない．例えばこの回路において，枝4-枝1-枝2-枝5からなる外回りのループも考えられる．しかし，このループを二つのループa, bに追加して採用しないのは，すでに選ばれたループa, bにおいて与えられるKVLの式から，この第3のループにおいて与えられるKVLの式が導かれるからである．このような事実は，すでに例題2-2において示したとおりである．与えられた回路でループとして何個，どのように選べばよいかはループ解析において大事なことであるが，複雑で議論が混乱するのでこのことにはこれ以上触れない．

（2） 枝電圧とループ電流の関係

ループ解析を理解するには，枝電圧とループ電流の関係が大事である．なぜなら，KVLの式は枝電圧の代数和をゼロとする等式であり，ループ解析の未知数はループ電流だからである．そこで，具体例による説明として，図3-1の回路の枝3における関係を用いて説明をする．

図3-1の枝3の部分を図3-2に取り出して示した．

枝3を通過する電流は i_a と i_b であり，異なった方向に流れている．枝電圧 V_3 を図の矢印の方向をプラスに設定する．この設定は任意であり，もし実際の電圧がこの方向と異なる場合は電圧値が負となる．ここで，節点②から節点⓪に向かって流れる電流 I_3 は，$i_a - i_b$ なので，結局，枝電圧 V_3 とループ電

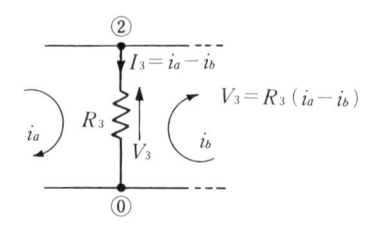

流の関係は
$$V_3 = R_3(i_a - i_b) \tag{3-1}$$
となる．

その他の枝も含めて，図3-1(b)に示す枝電圧の方向を採用すると，電源枝を除く三つの枝で以下の式が成立する．
$$V_1 = R_1 i_a, \quad V_2 = R_2 i_b, \quad V_3 = R_3(i_a - i_b) \tag{3-2}$$
これらの関係式を以下のKVLにおいて利用する．

(3) KVLによる関係

各ループに適用したKVLによる式を求める．まず図3-1(b)のループaにおけるKVLは
$$E_1 - V_1 - V_3 = 0 \tag{3-3}$$
である．KVLの等式の与え方についてはすでに2-2節において説明したとおりである．すなわち，ループに沿って，電圧の上昇があるときは正符号，逆に下降があるときは負符号をつけた代数和をとったものがゼロとなる．図3-1によって確認してほしい．同様に，ループbに対する結果は次式のとおりである．
$$V_3 - V_2 - E_2 = 0 \tag{3-4}$$
そこで，式(3-3)，(3-4)に，すでに求めた枝電圧とループ電流の関係式(3-2)を代入し，未知数である i_a, i_b と，電源電圧 E_1, E_2 を左辺と右辺に分けると，未知数の個数（2個）と同じ線形方程式が以下のように与えられる．
$$(R_1 + R_3)i_a - R_3 i_b = E_1 \tag{3-5a}$$
$$-R_3 i_a + (R_2 + R_3)i_b = -E_2 \tag{3-5b}$$

これをループ方程式と呼ぶ．ベクトル・行列の形式でこれを書き表すと，

$$\begin{bmatrix} R_1 + R_3 & -R_3 \\ -R_3 & R_2 + R_3 \end{bmatrix} \begin{bmatrix} i_a \\ i_b \end{bmatrix} = \begin{bmatrix} E_1 \\ -E_2 \end{bmatrix} \quad (3\text{-}6)$$

となる．ここに，行列 $\boldsymbol{R}$，ベクトル $\boldsymbol{i}$, $\boldsymbol{E}$ を

$$\boldsymbol{R} = \begin{bmatrix} R_1 + R_3 & -R_3 \\ -R_3 & R_2 + R_3 \end{bmatrix}, \quad \boldsymbol{i} = \begin{bmatrix} i_a \\ i_b \end{bmatrix}, \quad \boldsymbol{E} = \begin{bmatrix} E_1 \\ -E_2 \end{bmatrix} \quad (3\text{-}7)$$

と定義すると，式($3\text{-}6$)は

$$\boldsymbol{Ri} = \boldsymbol{E} \quad (3\text{-}8)$$

である．この方程式を解くことで，ループ電流 i_a, i_b が求められ，これをもとに回路の枝電流 $I_1 \sim I_3$ を $I_1 = i_a$, $I_2 = i_b$, $I_3 = i_a - i_b$ より求めることができる．また枝電圧 $V_1 \sim V_3$ が式($3\text{-}2$)により計算され，回路解析は終了する．

以上のようにループ解析では，式($3\text{-}8$)のような連立線形方程式を解くことが必要である．これには簡単な消去代入を行う方法，逆行列を計算する方法，ガウスの消去法などが利用される．このような，2次と3次の連立線形方程式の解法を付録Bに示している．

そこで，連立線形方程式($3\text{-}8$)を付録Bの式($B\text{-}7$)を適用して求めると，

$$\begin{aligned} \boldsymbol{i} = \boldsymbol{R}^{-1}\boldsymbol{E} &= \frac{1}{R_1R_2 + R_2R_3 + R_3R_1} \begin{bmatrix} R_2 + R_3 & R_3 \\ R_3 & R_1 + R_3 \end{bmatrix} \begin{bmatrix} E_1 \\ -E_2 \end{bmatrix} \\ &= \frac{1}{R_1R_2 + R_2R_3 + R_3R_1} \begin{bmatrix} (R_2 + R_3)E_1 - R_3E_2 \\ R_3E_1 - (R_1 + R_3)E_2 \end{bmatrix} \end{aligned}$$

$$(3\text{-}9)$$

よって，

$$i_a = \frac{(R_2 + R_3)E_1 - R_3E_2}{R_1R_2 + R_2R_3 + R_3R_1}, \quad i_b = \frac{R_3E_1 - (R_1 + R_3)E_2}{R_1R_2 + R_2R_3 + R_3R_1}$$

$$(3\text{-}10)$$

である．

ループ解析の手順を以下にまとめる．

第3章 回路解析の基本 -ループ解析・節点解析-

[ループ解析の手順]
① 回路にループを定め，そのループ電流を変数とする．
② 電源枝を除いて，枝電圧に方向を定め，その電圧とループ電流の関係を与える．
③ 各ループに KVL を適用し，そのときの枝電圧に②で求めた関係を代入する．
④ 未知数であるループ電流についての連立線形方程式を解く．
⑤ ループ電流より枝電流，枝電圧を計算する．

ループ解析では電源を電圧源だけとする前提があった．この前提が成立せず，電流源だけのときは次節のノード解析を用いる．また，電圧源と電流源が混合する場合は，3-3 節の修正されたループ解析か，修正された節点解析，3-4 節の重ね合わせの定理利用法のいずれかで解析できる．あるいは，場合によっては次章 4-1 節で述べる電源の変換法を組み合わせて解析できる．

[例題 3-1] 図 3-3 に示す回路のループ解析を行いなさい．ただし，$R_1 = R_2 = R_3 = R$, $E_1 = 3$, $E_2 = 2$ とする．

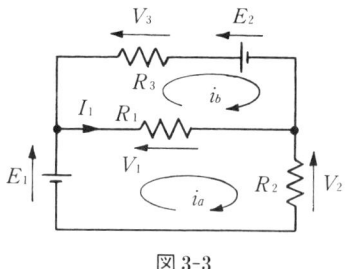

図 3-3

[解] ① ループ a, b とループ電流 i_a, i_b を図のように定める
② 枝電圧の方向を図のように定めると，それとループ電流の関係は

$$\left. \begin{array}{l} V_1 = R_1(i_a - i_b) \\ V_2 = R_2 i_a \\ V_3 = R_3 i_b \end{array} \right\} \quad (3\text{-}11)$$

となる．
③ ループごとの KVL は

$$E_1 - V_1 - V_2 = 0$$
$$V_1 - V_3 - E_2 = 0 \qquad (3\text{-}12)$$

となる.

④ 式(3-12)に式(3-11)を代入することで,連立線形方程式は
$$\begin{bmatrix} R_1 + R_2 & -R_1 \\ -R_1 & R_1 + R_3 \end{bmatrix} \begin{bmatrix} i_a \\ i_b \end{bmatrix} = \begin{bmatrix} E_1 \\ -E_2 \end{bmatrix} \qquad (3\text{-}13)$$

となる.ここで,$E_1 = 3$,$E_2 = 2$,$R_1 = R_2 = R_3 = R$ を代入すると,
$$\begin{bmatrix} 2R & -R \\ -R & 2R \end{bmatrix} \begin{bmatrix} i_a \\ i_b \end{bmatrix} = \begin{bmatrix} 3 \\ -2 \end{bmatrix} \qquad (3\text{-}14)$$

その解は付録 B の式(B-7)より,
$$\begin{bmatrix} i_a \\ i_b \end{bmatrix} = \begin{bmatrix} 2R & -R \\ -R & 2R \end{bmatrix}^{-1} \begin{bmatrix} 3 \\ -2 \end{bmatrix}$$
$$= \frac{1}{3R^2} \begin{bmatrix} 2R & R \\ R & 2R \end{bmatrix} \begin{bmatrix} 3 \\ -2 \end{bmatrix} = \frac{1}{3R} \begin{bmatrix} 4 \\ -1 \end{bmatrix} \qquad (3\text{-}15)$$
$$i_a = 4/3R \text{ [A]}, \qquad i_b = -1/3R \text{ [A]} \qquad (3\text{-}16)$$

⑤ ループ電流より枝電流 I_1,枝電圧 $V_1 \sim V_3$ を計算すると次式のとおりである.
$$I_1 = i_a - i_b = 5/3R \text{ [A]}$$
$$V_1 = 5/3 \text{ V}, \qquad V_2 = 4/3 \text{ V}, \qquad V_3 = -1/3 \text{ V} \qquad (3\text{-}17)$$

3-2 節点解析

(1) 節点電圧

節点解析は回路の節点(ノード)に成立するキルヒホッフの電流則(KCL)によって解析を行う方法で,電流源を含む回路に直接適用できる.節点解析では節点電圧を変数として回路における方程式を与えるものである.

まず,回路の節点のうち,いずれか一つを基準節点として選ぶ.本書では,基準節点をゼロ番目の節点とし,記号⓪とする.この基準節点は例えばアース点に選ぶ.この基準節点からの各節点の電圧を節点電圧と呼び,節点解析で未知数となる.そこで,節点電圧と KCL に用いる枝電流の関係が重要である.

ここで,図 3-4 に示す回路について考えよう.G_1,G_2,G_3 は各枝のコンダクタンス [S] を表す.

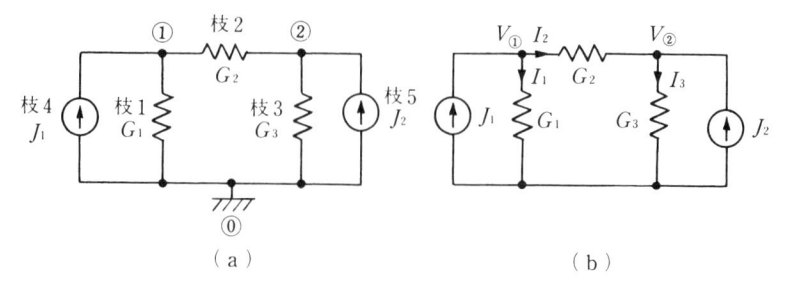

32　第3章　回路解析の基本 -ループ解析・節点解析-

図3-4　節点電圧と枝電流

（2）節点電圧と枝電流の関係

基準節点⓪，その他の節点を①，②とし，枝の番号，枝電流を図のように設定する．枝電流の方向は任意に定める．節点①，②の節点電圧を $V_①$，$V_②$ とする．枝2の電流 I_2 は図3-5に示すように節点電圧を用いて，

$$I_2 = G_2(V_① - V_②) \tag{3-18}$$

で与えられる．

同様の手法で，すべての枝電流は次式のように節点電圧により与えることができる．

$$I_1 = G_1 V_①, \quad I_2 = G_2(V_① - V_②), \quad I_3 = G_3 V_② \tag{3-19}$$

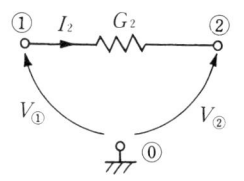

図3-5　枝2での関係

（3）KCLによる関係

基準節点を除く節点①，②に適用したKCLによる式を整理すると，節点①におけるKCL

$$J_1 - I_1 - I_2 = 0 \tag{3-20}$$

節点②におけるKCL

$$J_2 - I_3 + I_2 = 0 \tag{3-21}$$

である．これらは各節点に流入する枝電流と流出する枝電流で符号を考慮して代数和をとった結果である．基準節点⓪でのKCLを用いないのは，それが他の節点でのKCL式から導かれるからである．

式(3-20), (3-21)に，枝電流と節点電圧の関係式(3-19)を代入し，未知数である $V_①$, $V_②$ と，電源電流 J_1, J_2 を別々の辺に移すと，連立線形方程式が以下のように与えられる．

$$\begin{aligned}(G_1 + G_2)V_① - G_2 V_② &= J_1 \\ -G_2 V_① + (G_2 + G_3)V_② &= J_2\end{aligned} \tag{3-22}$$

この方程式をベクトル行列表示すると，

$$\begin{bmatrix} G_1 + G_2 & -G_2 \\ -G_2 & G_2 + G_3 \end{bmatrix} \begin{bmatrix} V_① \\ V_② \end{bmatrix} = \begin{bmatrix} J_1 \\ J_2 \end{bmatrix} \tag{3-23}$$

となる．この連立線形方程式の解は付録Bの式(B-7)により求められる．ここでは，$G_1 = 1$, $G_2 = 2$, $G_3 = 1$, $J_1 = 2$, $J_2 = 1$ のとき節点電圧 $V_①$, $V_②$ を求めてみよう．連立線形方程式(3-23)は

$$\begin{bmatrix} 3 & -2 \\ -2 & 3 \end{bmatrix} \begin{bmatrix} V_① \\ V_② \end{bmatrix} = \begin{bmatrix} 2 \\ 1 \end{bmatrix} \tag{3-24}$$

となるので，

$$\begin{bmatrix} V_① \\ V_② \end{bmatrix} = \begin{bmatrix} 3 & -2 \\ -2 & 3 \end{bmatrix}^{-1} \begin{bmatrix} 2 \\ 1 \end{bmatrix} = \frac{1}{5}\begin{bmatrix} 3 & 2 \\ 2 & 3 \end{bmatrix}\begin{bmatrix} 2 \\ 1 \end{bmatrix} = \frac{1}{5}\begin{bmatrix} 8 \\ 7 \end{bmatrix}$$

$$V_① = 8/5 \text{ V}, \quad V_② = 7/5 \text{ V} \tag{3-25}$$

回路の枝電流は式(3-19)によって求められ，$I_1 = 8/5$ A, $I_2 = 2/5$ A, $I_3 = 7/5$ A となる．

節点解析の手順を以下にまとめる．

[節点解析の手順]
① 基準節点を選び，それ以外の節点の節点電圧を変数とする．
② 電源枝を除いて枝電流に方向を定め，その枝電流と節点電圧の関係を与える．

③ 基準節点以外の各節点に KCL を適用し，そのときの枝電流に②で求めた関係を代入する．
④ 未知数である節点電圧についての連立線形方程式を解く．
⑤ 節点電圧より枝電流，枝電圧を計算する．

[例題 3-2] 図 3-6 に示す回路について節点解析を行い，節点電圧 $V_①$，$V_②$ を求めなさい．ただし $G_1 = G_2 = G_3 = G$ [S] とする．

図 3-6

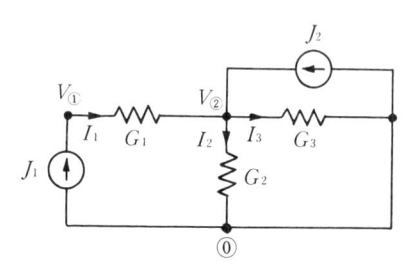

[解] ① 基準節点と節点電圧は図に示したとおり．
② 枝電流と節点電圧の関係を次に示す．
$$I_1 = G_1(V_① - V_②), \quad I_2 = G_2 V_②, \quad I_3 = G_3 V_② \tag{3-26}$$
③ 節点①，②での KCL とそれから求められる連立方程式は
$$J_1 - I_1 = 0$$
$$I_1 + J_2 - I_2 - I_3 = 0$$
と，式(3-26) より
$$\begin{bmatrix} G_1 & -G_1 \\ -G_1 & G_1 + G_2 + G_3 \end{bmatrix} \begin{bmatrix} V_① \\ V_② \end{bmatrix} = \begin{bmatrix} J_1 \\ J_2 \end{bmatrix} \tag{3-27}$$
④ $G_1 = G_2 = G_3 = G$ を代入して式(3-27)を解くと
$$\begin{bmatrix} V_① \\ V_② \end{bmatrix} = \begin{bmatrix} G & -G \\ -G & 3G \end{bmatrix}^{-1} \begin{bmatrix} J_1 \\ J_2 \end{bmatrix} = \frac{1}{2G} \begin{bmatrix} 3 & 1 \\ 1 & 1 \end{bmatrix} \begin{bmatrix} J_1 \\ J_2 \end{bmatrix}$$
$$= \frac{1}{2G} \begin{bmatrix} 3J_1 + J_2 \\ J_1 + J_2 \end{bmatrix} \tag{3-28}$$

3-3 混合した電源を含む回路の解析

節点解析では節点電圧が未知数として採用された．したがって，電圧源枝のように枝電圧が固定されるとき，その枝両端の節点電圧差は固定され，両節点電圧は任意とはならない．このことから，電圧源を含む回路の場合は節点解析を直接適用することはできない．一方，ループ解析では枝電流を未知数としているので，枝電流が固定される電流源枝を含む回路にループ解析を直接適用することはできない．このことから，どちらか一方の電源を含む回路ではそれぞれに適した解析法を利用すればよいが，電流源と電圧源が混合した回路ではこれらの方法を直接適用できない．そこで，**混合した電源を含む回路**においては，これまで説明した標準的な節点解析，ループ解析の手順を修正する必要がある．ここでは，具体例をとおしてこのような混合電源を含む回路に対する解析について説明する．

図 3-7 の回路を考える．

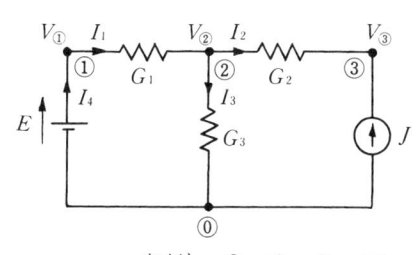

ただし，$G_1 = G_2 = G_3 = 1\,\mathrm{S}$

図 3-7 混合した電源を含む回路

ここではまず，節点解析の手順に修正を行いつつ適用する．

① 図のように基準節点⓪を選び，それ以外の節点①，②，③の節点電圧 $V_①$, $V_②$, $V_③$ を変数とする．ただし，電圧源の接続されている節点①の節点電圧は電源電圧 E として固定されているので，未知数とはせず，$V_① = E$ とおく．

② 電源枝を除いて枝電流を図示するように方向を定め，その枝電流と節点電圧の関係を与えると，

$$I_1 = G_1(V_① - V_②), \quad I_2 = G_2(V_② - V_③), \quad I_3 = G_3 V_② \tag{3-29}$$

となる．なお，電圧源枝については枝電流 I_4 が未知数となる．

③ 基準節点以外の各節点に KCL を適用すると，

$$\left.\begin{array}{l} 節点① \quad I_4 - I_1 = 0 \text{ より} \quad I_4 = G_1(V_① - V_②) \quad (\text{a}) \\ 節点② \quad I_1 - I_2 - I_3 = 0 \text{ より} \quad G_1 V_① = (G_1 + G_2 + G_3)V_② - G_2 V_③ \quad (\text{b}) \\ 節点③ \quad J + I_2 = 0 \text{ より} \quad J = -G_2 V_② + G_2 V_③ \quad (\text{c}) \end{array}\right\} \tag{3-30}$$

これらの式では枝電流として②で求めた関係を用いている．また，電圧源がつながっている節点①における KCL は式(3-30(a))のように未知の枝電流 I_4 を節点電圧 $V_①$, $V_②$ によって与える式となっている．

④ 未知数である節点電圧についての連立線形方程式を，節点②，③における KCL 式(3-30(b))，(3-30(c)) より与える．このとき，$V_① = E$ とするので，未知数と方程式数は共に2個となる．この方程式は

$$\begin{bmatrix} G_1 + G_2 + G_3 & -G_2 \\ -G_2 & G_2 \end{bmatrix} \begin{bmatrix} V_② \\ V_③ \end{bmatrix} = \begin{bmatrix} G_1 E \\ J \end{bmatrix} \tag{3-31}$$

である．ここで，$G_1 = G_2 = G_3 = 1\,\mathrm{S}$ を代入し，ベクトル・行列形式とすると，

$$\begin{bmatrix} 3 & -1 \\ -1 & 1 \end{bmatrix} \begin{bmatrix} V_② \\ V_③ \end{bmatrix} = \begin{bmatrix} E \\ J \end{bmatrix} \tag{3-32}$$

この解は

$$\begin{bmatrix} V_② \\ V_③ \end{bmatrix} = \begin{bmatrix} 3 & -1 \\ -1 & 1 \end{bmatrix}^{-1} \begin{bmatrix} E \\ J \end{bmatrix} = \frac{1}{2}\begin{bmatrix} 1 & 1 \\ 1 & 3 \end{bmatrix}\begin{bmatrix} E \\ J \end{bmatrix} = \frac{1}{2}\begin{bmatrix} E + J \\ E + 3J \end{bmatrix} \tag{3-33}$$

⑤ 式(3-29)より枝電流がそれぞれ，

$$\left.\begin{array}{l} I_1 = I_4 = E - V_② = (E - J)/2 \quad (\text{a}) \\ I_2 = V_② - V_③ = -2J/2 = -J \quad (\text{b}) \\ I_3 = V_② = (E + J)/2 \quad (\text{c}) \end{array}\right\} \tag{3-34}$$

このように，節点解析における電圧源枝はその両端の節点電圧の自由度を減らし，その枝電流は式(3-34(a))のようにKCL式における単なる代入によって与えられる．

図 3-7 の回路に対しては，ループ解析を修正して行う解析法を採用することもできる．ループ解析における電流源枝はループ電流間の制約式を与えるので自由度が減少し，未知数が少なくなる．これについては演習問題とする．

3-4 重ね合わせの定理

複数の，しかも電圧源と電流源が混合している回路の解析に有効な方法は，線形回路において一般的に成立する「**重ね合わせの定理**」を利用するものである．この定理は線形性の成立する物理システムで基本的なものである．ここではこの重要な定理について説明すると共に混合した電源を持つ回路への適用例を示す．

まず，すでに解析を行った図 3-7 の回路を用いて，重ね合わせの定理が成立していることを示す．この回路は電圧源，電流源が混在している．節点電圧 $V_②$，$V_③$ の満たす方程式が

$$\begin{bmatrix} 3 & -1 \\ -1 & 1 \end{bmatrix} \begin{bmatrix} V_② \\ V_③ \end{bmatrix} = \begin{bmatrix} E \\ J \end{bmatrix} \quad (3\text{-}35)$$

なので，これから解は次式のように書き換えることもできる．

$$\begin{bmatrix} V_② \\ V_③ \end{bmatrix} = \begin{bmatrix} 3 & -1 \\ -1 & 1 \end{bmatrix}^{-1} \left(\begin{bmatrix} E \\ 0 \end{bmatrix} + \begin{bmatrix} 0 \\ J \end{bmatrix} \right)$$

$$= \underbrace{\begin{bmatrix} 3 & -1 \\ -1 & 1 \end{bmatrix}^{-1} \begin{bmatrix} E \\ 0 \end{bmatrix}}_{V_E} + \underbrace{\begin{bmatrix} 3 & -1 \\ -1 & 1 \end{bmatrix}^{-1} \begin{bmatrix} 0 \\ J \end{bmatrix}}_{V_J} \quad (3\text{-}36)$$

ここで，V_E は回路において電源 $J = 0$ のときの節点電圧ベクトル $V = [V_②, \ V_③]$ であり，一方，V_J は $E = 0$ のときの節点電圧ベクトル $V = [V_②, V_③]$ である．したがって，解が

$$V = V_E + V_J$$

によって与えられることの意味は，二つの電源が存在するときの節点電圧ベク

トル V が,電圧源 E を残して電流源 J をゼロとしたときの電圧ベクトル V_E,電流源 J を残して電圧源 E をゼロとしたときの電圧ベクトル V_J をそれぞれ個別に求め,それらの和をとったものに等しいことを示している.このように,複数の電源を含む回路の解析結果は個別の電源における結果の和になるという性質が線形回路一般に成立し,それは次の定理としてまとめられる.

[重ね合わせの定理]
　複数の電源を含む線形回路におけるある電圧(電流)は以下の手順によって求まったものに等しい.
(a)　一つの電源を残して,他の電圧源の電圧をゼロ,電流源の電流をゼロとして,その電圧(電流)を求める.
(b)　(a)の解析を残りすべての電源に対して適用する.
(c)　上で求まったすべての電圧(電流)の和をとる.

　重ね合わせの定理では電圧源の電圧,電流源の電流をゼロとすることの意味について理解しておくことが必要である.
　まず,電圧源の電圧をゼロとすることは図3-8(a)のように,短絡することである.一方,電流源の電流をゼロとすることは図3-8(b)のように,開放することである.これは交流電源の場合も同じである.
　ここで,混合した電源を持つ図3-7の回路の解析を重ね合わせの定理を用いて行なってみよう.
(a)　$J=0$ とした回路の解析
　図3-8(b)を用いると,$J=0$ である図3-7の回路は図3-9となる.この回

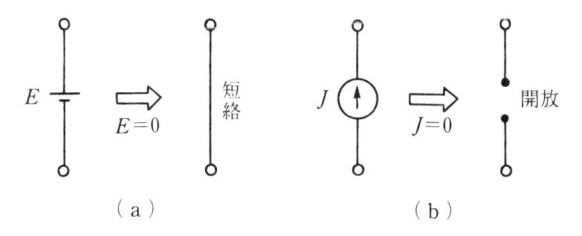

図3-8　電源の電圧,電流をゼロとすることの意味

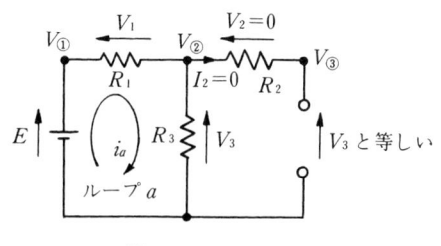

図 3-9 $J=0$ のとき

路は電圧源だけなので，標準のループ解析を適用する．

$$V_1 = R_1 i_a, \quad V_2 = 0, \quad V_3 = R_3 i_a \quad (3\text{-}37)$$

ループ a に対する KVL

$$E - V_1 - V_3 = 0 \quad (3\text{-}38)$$

より

$$i_a = E/(R_1 + R_3) = E/2$$

$$V_② = R_3(E/2) = E/2, \quad V_③ = V_② = E/2 \quad (3\text{-}39)$$

（b） $E=0$ とした回路の解析

図 3-8(a) を用いると，$E=0$ のときの回路は図 3-10 となる．この回路は電流源だけなので，標準の節点解析を適用する．なお，節点①は節点⓪と同一である．

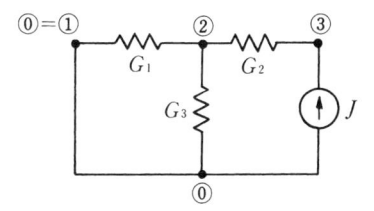

図 3-10 $E=0$ のとき

$$\begin{bmatrix} 3 & -1 \\ -1 & 1 \end{bmatrix} \begin{bmatrix} V_② \\ V_③ \end{bmatrix} = \begin{bmatrix} 0 \\ J \end{bmatrix}$$

$$\begin{bmatrix} V_② \\ V_③ \end{bmatrix} = \begin{bmatrix} 3 & -1 \\ -1 & 1 \end{bmatrix}^{-1} \begin{bmatrix} 0 \\ J \end{bmatrix} = \frac{1}{2}\begin{bmatrix} 1 & 1 \\ 1 & 3 \end{bmatrix} \begin{bmatrix} 0 \\ J \end{bmatrix} = \begin{bmatrix} J/2 \\ 3J/2 \end{bmatrix} \quad (3\text{-}40)$$

$$V_② = J/2, \quad V_③ = 3J/2 \quad (3\text{-}41)$$

(c) 式(3-39)と式(3-41)の和をとると先の式(3-33)の結果と一致し，重ね合わせの定理が成立していることがわかる．

第3章のまとめ

- ループ解析は回路にループを想定し，KVLによって解析する方法で，電圧源だけを含む回路に有効である．
- 節点解析は回路の節点に成立するKCLによって解析する方法で，電流源だけを含む回路に有効である．
- 電流源と電圧源が混在する回路の解析においては節点解析やループ解析を修正して適用する．
- 線形回路においては「重ね合わせの定理」が成立する．この定理にもとづいて複数の電源を含む回路の解析を個々の電源に対する解析に分けて行うことができる．

演習問題

1. 図3-11の回路のループ解析を行い，ループ電流 i_a, i_b, i_c を求めなさい．

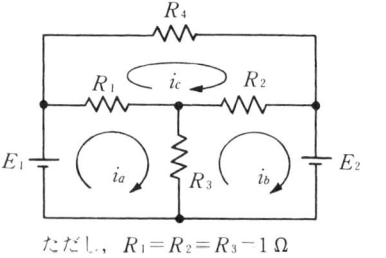

ただし，$R_1 = R_2 = R_3 = 1\,\Omega$ 図3-11

2. 図3-12の回路は，はしご形回路と呼ばれる．この回路のループ解析を行い，ループ電流 i_a, i_b, i_c を求めなさい．
3. 図3-13の回路の節点解析を行い，節点電圧 $V_①$, $V_②$, $V_③$ を求めなさい．
4. ブリッジ回路と呼ばれる図3-14の回路について節点解析を行い，節点電圧 $V_①$，$V_②$ を求めなさい．また，その結果から $V_① = V_②$ となるための R を求めなさい．

図 3-12

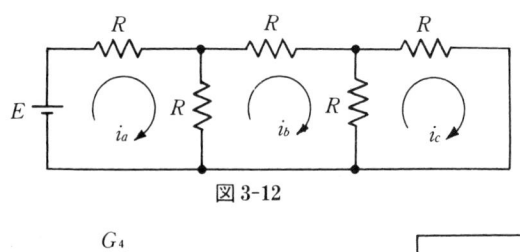

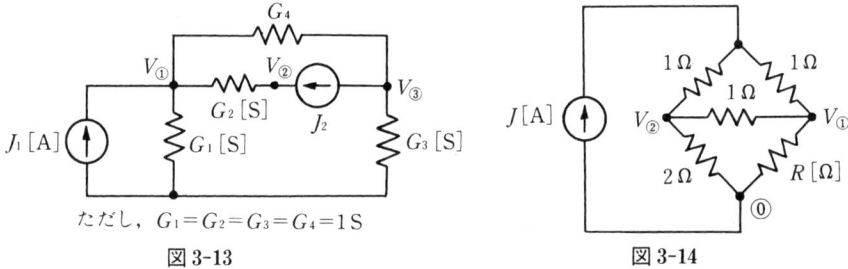

図 3-13
ただし，$G_1 = G_2 = G_3 = G_4 = 1\,\mathrm{S}$

図 3-14

5. 図 3-7 の混合した電源を持つ回路においてループ解析を修正することによって $V_②$，$V_③$ を求めなさい．
6. 図 3-6 に示す回路の解析を重ね合わせの定理を用いて行いなさい．
7. 図 3-15 に示す回路の電流 i_a, i_b, i_c を求めなさい．
 （ヒント：演習問題 2 の結果を利用しなさい）

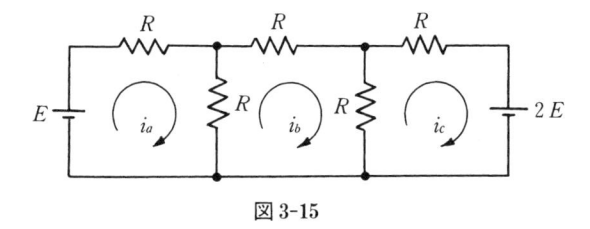

図 3-15

第4章

回路解析の実際

　実際の回路解析では回路内のすべての枝における電流や電圧を求めることは必ずしも必要ではない．そのような場合には回路の一部を簡単化したり，解きやすい回路に変換する．ここではまず，電圧源と電流源の変換，電源を含む回路を簡単化するテブナン，ノートンの各定理について説明する．この章の後半では，トランジスタなどの解析でよく使われる従属電源について，さらに最大電力供給の条件について学ぶ．

4-1　電源の回路表現
（1）　内部抵抗をもつ電源

　1章において導入した電圧源，電流源は理想的なもので実際の電源には**内部抵抗**を含んだモデルを採用する必要がある．

　内部抵抗を含む電圧源は図4-1に示すように（a）電圧源には直列に，（b）電流源には並列に抵抗要素が接続される．

　電圧源を例に**理想電源**と内部抵抗をもつ電源との基本的な違いを明らかにし

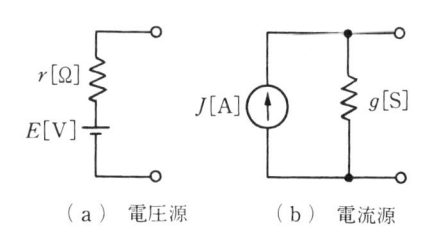

　　　　　　（a）　電圧源　　　（b）　電流源

図4-1　内部抵抗をもつ電源

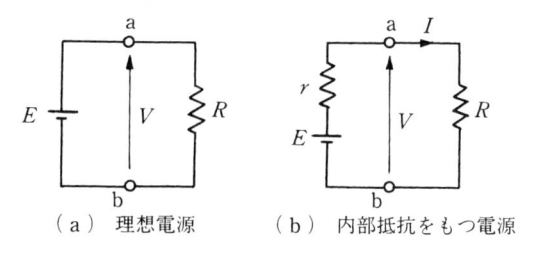

図 4-2　理想電源と内部抵抗をもつ電源

ておこう．図 4-2 のように (a) 理想電源と (b) 内部抵抗をもつ電源の両者に直列に抵抗 R を接続し，外部抵抗値 R の変化による端子 a，b 間の電圧 V を調べてみよう．

理想電圧源では ab 間電圧 $V = E$ であり，外部抵抗 R によらず一定であることは自明である．一方，内部抵抗をもつ電源では

$$V = E - rI = E\left(1 - \frac{r}{r+R}\right) \quad (4\text{-}1)$$

となり，外部抵抗 R の変化により回路を流れる電流 I が大きくなるにつれて V が低下する．このことを図 4-3 に示す．

電流源についても同様に内部抵抗（コンダクタンス g）により外部回路に流出する電流が J より小さくなる．

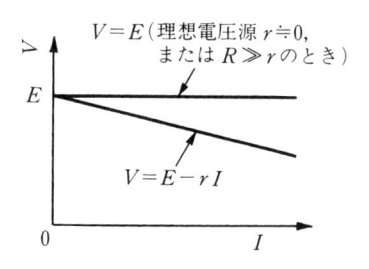

図 4-3　電圧源の V-I 特性

（2）電流源と電圧源の変換

図 4-4(a)，(b) に示すように内部抵抗を含む電圧源，電流源をブロックとして考え，外部に同じ抵抗を接続したとき両者の電源ブロックの外側から観測できる電圧 V，電流 I に違いが生じないとき両者の電源は等価であるという．

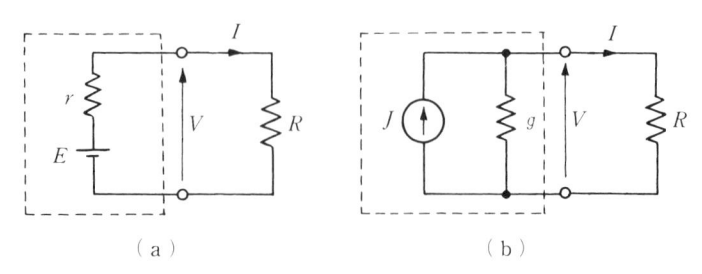

図 4-4 電圧源と電流源の変換

すなわち，二つの電源は外部から区別がつかない場合である．

ここで，両者の電源が等価であるための条件について考えよう．

図4-4(a)の電圧源においては，

$$V = E - rI \tag{4-2}$$

$$I = \frac{E}{r + R} \tag{4-3}$$

一方，電流源においては，

$$I = \frac{(1/g)J}{R + 1/g} \tag{4-4}$$

$$V = (1/g)(J - I) = J/g - I/g \tag{4-5}$$

となる．両者の等価性は

$$E = \frac{J}{g}, \quad r = \frac{1}{g} \tag{4-6}$$

によって成り立つ．

結局，電圧源と電流源間の変換は図4-5によって与えられる．

回路解析においては内部抵抗をもつ電源，すなわち理想電圧源と抵抗の直列接続や電流源と抵抗の並列接続の電源は，それぞれ解析が容易なものに変換できる．例えばループ解析のために図4-5(b)の電流源を図(a)の電圧源に，節

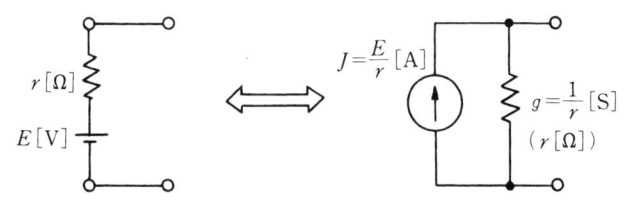

図4-5 電圧源と電流源の等価条件

点解析のためにはその逆の変換を行うなどである.そこで,ここでは3章の図3-4の回路の電流源を電圧源に変換してループ解析によって,$V_①$,$V_②$を求めてみよう.

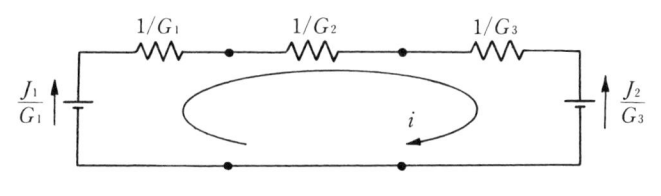

図4-6 図3-4と等価な回路

図4-5の変換を用いると図3-4の回路は図4-6となる.各素子の抵抗は図示のとおりであり,3章のときと同様,$G_1 = G_3 = 1$,$G_2 = 2$,$J_1 = 2$,$J_2 = 1$とおく.この回路のループ解析より,

$$\frac{J_1}{G_1} - \left(\frac{1}{G_1} + \frac{1}{G_2} + \frac{1}{G_3}\right)i - \frac{J_2}{G_3} = 0 \qquad (4\text{-}7)$$

なので,

$$i = -\frac{\dfrac{J_1}{G_1} - \dfrac{J_2}{G_3}}{\dfrac{1}{G_1} + \dfrac{1}{G_2} + \dfrac{1}{G_3}} = \frac{2(J_1 - J_2)}{5} = \frac{2}{5} A \qquad (4\text{-}8)$$

これから,

$$V_① = \frac{J_1}{G_1} - \frac{i}{G_1} = \frac{8}{5} \text{V}, \qquad V_② = \frac{J_2}{G_3} + \frac{i}{G_3} = \frac{7}{5} \text{V} \qquad (4\text{-}9)$$

となり先の結果,式(3-25)と一致する.

4-2 回路の簡単化による回路解析

内部抵抗を持つ電圧源と電流源間で互いに等価な回路に変換することの有効性について示したように,回路解析の目的によって当初与えられた回路を等価なものに変換する方法がよく用いられる.ここでは**等価回路**についての一般的考え方について説明し,それがどのように利用されるかを例題によって示す.

(1) 等価回路の考え方

二つの端子をもつ回路A,Bが互いに等価回路であるとは,図4-7に示す

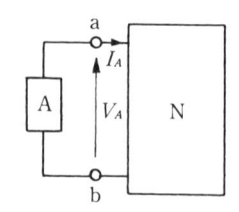

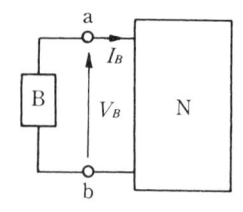

図 4-7 等価回路

ような，いかなる回路 N を回路 A，回路 B に接続したときにも，
$$V_A = V_B, \qquad I_A = I_B \qquad (4\text{-}10)$$
が常に成立することである．

すなわち，回路 A．B は端子 a，b から左側をみる限りにおいていずれが接続されているかどうか区別がつかないことである．例えば図 4-5 に示した電圧源と電流源は互いに等価回路である．あるいはすでに 2 章で説明した抵抗や電源の直列接続，並列接続の合成抵抗の関係を示す図 2-3，図 2-4，図 2-9，図 2-10 もやはり互いに等価回路を与えるものであるといえる．

（2） 等価回路を用いた回路解析の簡単化

等価回路は回路を簡単化することによって解析を容易にするために有効である．ここではいくつかの具体例によってこのことを明らかにしてみよう．

直列抵抗，並列抵抗の簡単化

図 4-8(a) の回路において電圧 V を求める問題を考えよう．この場合，図示するように (a)→(b)→(c) と回路を順次簡単化することで問題を容易にすることができる．

図 (c) より

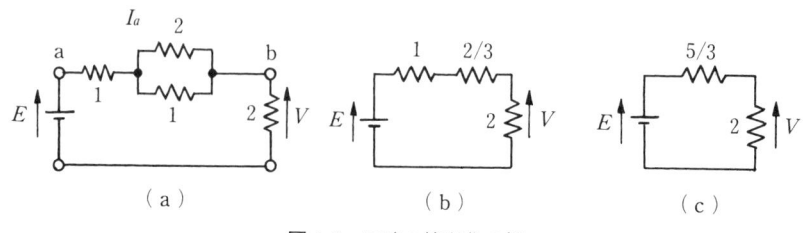

図 4-8 回路の簡単化の例

$$V = 2 \times \frac{E}{(5/3)+2} = \frac{6}{11}E \qquad (4\text{-}11)$$

このように V のみを求めるためには抵抗で構成される節点 a, b 間の合成抵抗をまとめて考えればよく，回路全体をそのままループ解析法や節点解析法で解析する必要はない．

この例のように，図 4-8 における電圧 E と電圧 V の比

$$V/E \qquad (4\text{-}12)$$

は電圧 V に電源電圧 E がどれだけ伝達（伝送）されるかを示すもので，これは**電圧伝達（伝送）比**，あるいは**電圧伝達（伝送）関数**と呼ばれる．

4-3　テブナンの定理，ノートンの定理

電源を含む回路に対する簡単な等価回路を与える方法について考えよう．複数の電源を含む抵抗回路であっても，それを図 4-1(a) の電圧源に等価回路として変換することができる．また，同様に図 4-1(b) に示す電流源の等価回路とすることができる．前者を**テブナンの定理**，後者を**ノートンの定理**という．ここでは両定理を前節の等価回路の考えを用いて簡単に説明する．

（1）　テブナンの定理

図 4-9 に示すように，内部に複数の電源を含む抵抗回路 A であっても，それを等価な電圧源の回路 B に変換することができる．そのための電源電圧 E，内部抵抗 r の求め方について考えよう．

図 4-9 の二つの回路 A, B が等価であることは，すでに示したように，それぞれの端子 1-1′端子に任意の回路 N を接続しても 1-1′ にかかる電圧とそこを流れる電流が両者で変わらないことである．そこで，1-1′ に接続する任意の

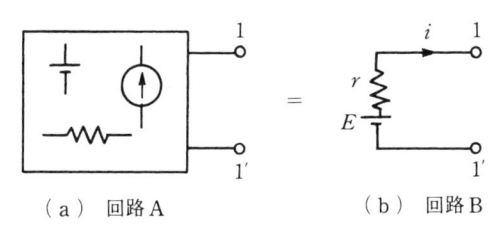

図 4-9　テブナンの定理

回路 N のうち最も単純な開放状態のときを考えてみよう．このとき，図 4-9(b) における回路 B の端子 1-1' 間の電圧は E である．このことは電流 $i = 0$ より r による電圧降下がないことから明らかである．そこで，E は回路 A での同様な条件から図 4-10 に示すように端子 1-1' 開放時の電圧として求められる．

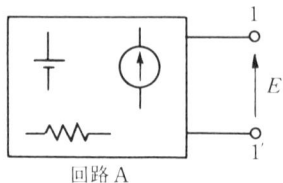

図 4-10 E の求め方

次に r について考えよう．回路 B においては $E = 0$ のとき 1-1' 間の抵抗が r である．同様に回路 A におけるすべての電源の大きさをゼロ（図 3-8 に示したように，電圧源を短絡，電流源を開放）にしたとき 1-1' 端子のもつ抵抗が r である．

これらのことから結局，次のテブナンの定理が成立する．

［テブナンの定理］

図 4-9(a) に示すように電圧源や電流源を含む電源回路 A の等価電圧源 B を次のように定めることができる．

(i) 電源回路 A の 1-1' 端子を開放にしたときの端子電圧を E [V] とする．
(ii) 電源回路 A の電圧源を短絡，電流源を開放した 1-1' 端子における抵抗を求め，r [Ω] とする．

(2) ノートンの定理

電源を含む回路に対して図 4-1(b) の電流源を等価回路として与えるのがノートンの定理である．テブナンの定理のときと同様の考えを適用すると次の定理が成立する．

［ノートンの定理］

図 4-11 に示すように電圧源や電流源を含む電源回路 A の等価電流源 B を次のようにして定めることができる．

(a) 回路A　　　　　(b) 回路B

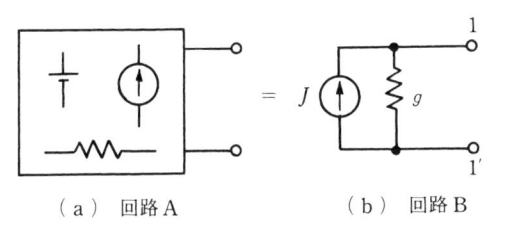

図4-11　ノートンの定理

(ⅰ)　電源回路Aの1-1'を短絡したときの電流をJ[A]とする．
(ⅱ)　電源回路の電圧源を短絡，電流源を開放した1-1'端子におけるコンダクタンスをg[S]とする．

[**例題 4-1**]　図4-12の電源回路に対して，(1)テブナンの定理による等価電圧源，(2)ノートンの定理による等価電流源をそれぞれ与えなさい．

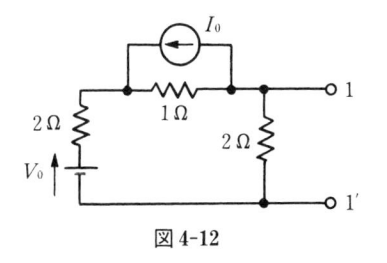

図4-12

[**解**]　(1)　テブナンの定理による等価電圧源
(ⅰ)　重ね合わせの定理を用いて1-1'間の電圧Eを求める．電流源(I_0)を開放してV_0の電圧源に対する1-1'間の電圧を求めると図4-13(a)より$2V_0/5$である．
　一方，電圧源(V_0)を短絡して電流源I_0に対する1-1'間の電圧を求めると(図4-13(b))

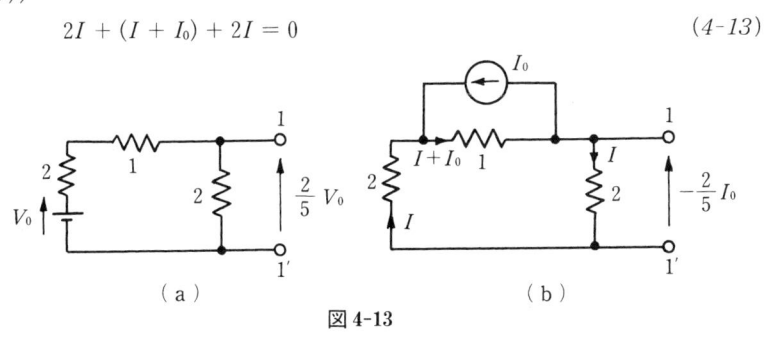

$$2I + (I + I_0) + 2I = 0 \qquad (4\text{-}13)$$

図4-13

より，
$$I = -I_0/5 \tag{4-14}$$
なので 1-1′ 間の電圧は $-2I_0/5$ である．
結局
$$E = (2/5)V_0 - (2/5)I_0 \quad [\text{V}] \tag{4-15}$$
（ⅱ） 電圧源を短絡，電流源を開放して 1-1′ からみた抵抗を計算すると

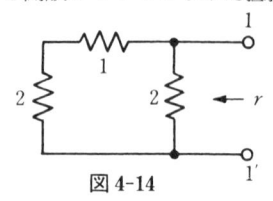

図 4-14

より，
$$r = 6/5 \quad [\Omega] \tag{4-16}$$
結局，等価電圧源は

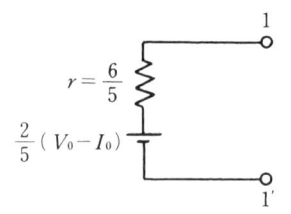

図 4-15 等価電圧源

である．

（2） ノートンの定理による等価電流源

（ⅰ） 1-1′ 端子を短絡したときの電流を J とすると，その他の枝電流は図 4-16 に示すとおりである．

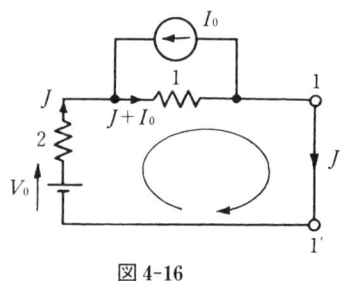

図 4-16

ループにおける KVL は，
$$V_0 - 2J - (I_0 + J) = 0 \tag{4-17}$$

なので，
$$J = (1/3)(V_0 - I_0) \qquad (4\text{-}18)$$
（ⅱ） g はテブナンの定理の場合と同様に電圧源を短絡，電流源を開放することで求められるので，テブナンの定理による場合と同様であり，
$$g = 1/r = 5/6\,\text{S} \qquad (4\text{-}19)$$
結局，等価電流源は

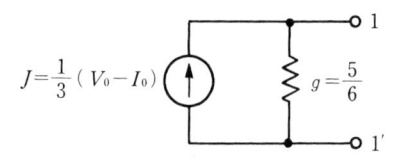

図 4-17　等価電流源

である．

テブナンの定理とノートンの定理で求められた上記二つの結果は互いに図 4-5 に示した等価回路となっていることが確認できる．

4-4　従属電源の扱い方

電子回路素子，特にトランジスタなどのモデルに**従属電源**と呼ばれる素子が利用される．これは電源外部の電流や電圧によって制御される電源のことで，**従属電圧源，従属電流源**がある．これらは制御電圧源，制御電流源とも呼ばれ，これまでに述べた電源は**独立電源**と呼んで区別している．なお，従属電源はそれぞれの電源電圧，電源電流が外部の電圧，あるいは電流のいずれによって制御されるかによっても分類される．従属電源の記号は図 4-18 に示すようにいずれも菱形で表す．

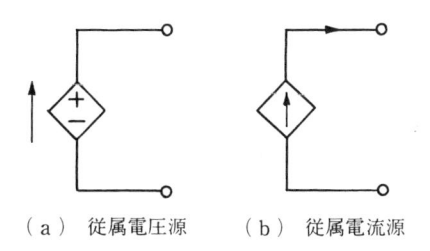

（a）従属電圧源　　（b）従属電流源

図 4-18　従属電源

図 4-19

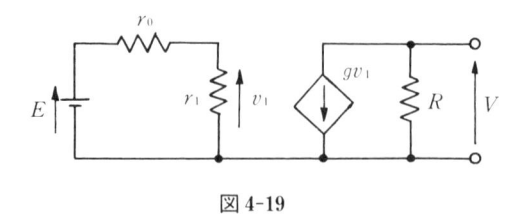

図 4-19 には枝電圧 v_1 によって制御される電流源（電圧制御電流源）の例を示している．この回路の抵抗 r_1 にかかる電圧 v_1 によって決まる電源電流 gv_1，（g；定数）が電源端子の枝に流れる．このような従属電源を含む回路では従属電源の電圧，電流も未知数として回路解析を行う．

図 4-19 の回路解析を行い，電圧伝達比（関数）V/E を求めてみよう．

$$V = -Rgv_1 \tag{4-20}$$

であり，電圧 v_1 は $r_1E/(r_0 + r_1)$ なので

$$V = -Rgv_1 = \frac{-Rgr_1}{r_0 + r_1}E \tag{4-21}$$

よって，

$$\frac{V}{E} = \frac{-Rgr_1}{r_0 + r_1} \tag{4-22}$$

4-5 最大電力供給

図 4-20 に示すように内部抵抗が r である電圧源に抵抗 R が接続され，これに電力を供給している場合を考えてみよう．すなわち，電源から電力が供給され負荷 R において電力が消費される．

回路を流れる電流 I は

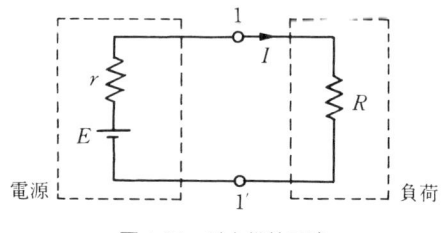

図 4-20 電力供給回路

$$I = \frac{E}{r + R} \qquad (4\text{-}23)$$

であり，抵抗 R において熱エネルギーとして消費される電力 P は式($1\text{-}14$)に示したように

$$P = RI^2 = \frac{RE^2}{(r + R)^2} \qquad (4\text{-}24)$$

である．負荷 R に供給される電力 P と抵抗値 R には図 4-21 に示す関係が成立する．

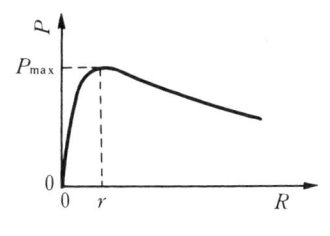

図 4-21 $P\text{-}R$ 関係

このように抵抗 R を変化させると

$$R = r \qquad (4\text{-}25)$$

のとき，P は最大となる．なぜなら，

$$\frac{dP}{dR} = \frac{(r - R)}{(r + R)^3} E^2 = 0 \qquad (4\text{-}26)$$

より，式($4\text{-}25$)が成立するとき P は極大（最大）となる．また，P の最大値 $P_{\max}$ は

$$P_{\max} = \frac{E^2}{4r} \qquad (4\text{-}27)$$

である．

この結果は電力の供給における非常に重要な性質を与えている．すなわち，負荷に電力を供給する場合には電源の内部抵抗と同じ抵抗をもつ負荷にすれば，それに最大の電力を送ることができる．条件式($4\text{-}25$)は図 4-20 の端子 1-1′ において電源側をみたときの抵抗値 r と負荷側をみたときの抵抗値 R とが一致することであり，このことを電源と負荷が**整合**しているという．すなわち

「最大電力の供給」＝「回路の整合がなされている」

を理解しておくことが大事である．電子回路どうしの接続やアンプとスピーカーなどの接続において両者の持つ抵抗が等しくなるようにしているのも整合をとるためである（9章で一般的な場合について説明する）．

[**例題 4-2**] 図 4-22 に示すように内部抵抗 r [Ω] の電圧源から負荷抵抗 R [Ω] に電力を供給する場合を考える．ただし，負荷と電源との間は抵抗が $δ$ [Ω] である線路で結ばれている．

このとき，負荷 R に最大の電力を供給するためには R をいくらにすればよいか．また，そのときの最大電力 $P_{\max}$ を求めなさい．

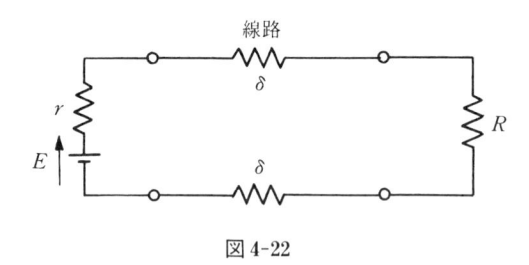

図 4-22

[**解**] 線路の抵抗を電源側にまとめると内部抵抗が $r + 2δ$ [Ω] の電源となる．したがって $R = r + 2δ$ のとき R に最大の電力が供給される．

また，$P_{\max}$ は式 (4-27) より

$$P_{\max} = \frac{E^2}{4(r + 2δ)} \qquad (4\text{-}28)$$

である．

第 4 章のまとめ

- 実際の電源には内部抵抗があり，それが電圧源では直列に，電流源では並列に接続される．
- 内部抵抗をもつ電圧源と電流源は互いに等価な回路として変換できる．
- 等価な回路に置き換えることで回路解析が簡単化できる．
- テブナンの定理やノートンの定理を用いると複雑な電源回路もそれと等価な一つの電圧源や電流源に置き換えることができる．
- 従属電源は外部の電圧や電流によって制御される電源であり，トランジスタ

などのモデルとして利用される．
・最大電力を負荷に供給するためには電源の内部抵抗と負荷抵抗が等しい，すなわち電源と負荷が整合していることである．

演習問題

1. 電源の変換を用いて図 4-23 の回路における電圧 V を求めなさい．

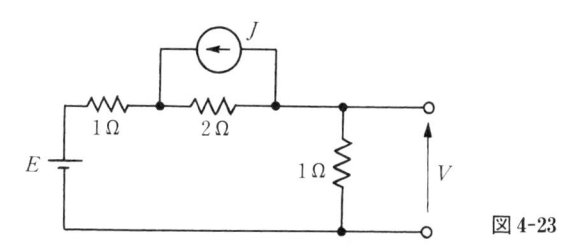

   図 4-23

2. 図 4-24 の回路の電源電圧 E と電圧 V の電圧伝達比（関数）を求めなさい．（ヒント：電源の変換を行うことで簡単化できる）

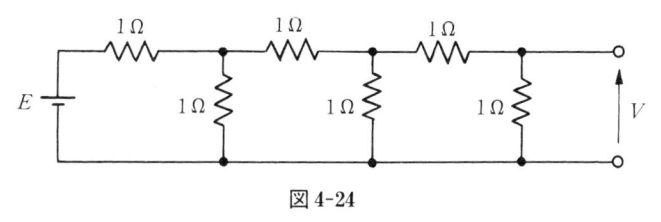

   図 4-24

3. 図 4-25 の 1-1' 端子から左側の電源についてテブナンの定理による等価電圧源を与えなさい．また，その結果を利用して 1-1' に抵抗 $R\,[\Omega]$ を接続したときの R を流れる電流 i を R の関数として与えなさい．

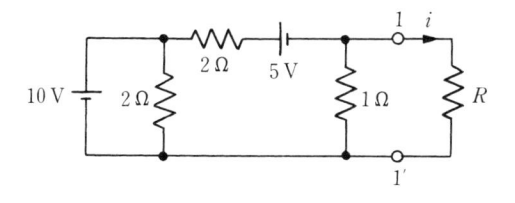

   図 4-25

4. 図4-26の電源回路についてノートンの等価電流源を与えなさい．

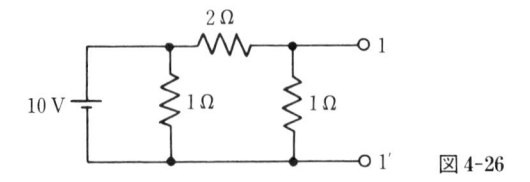

図4-26

5. 図4-27に示す従属電圧源を含む回路の解析を行い，V を求めなさい．

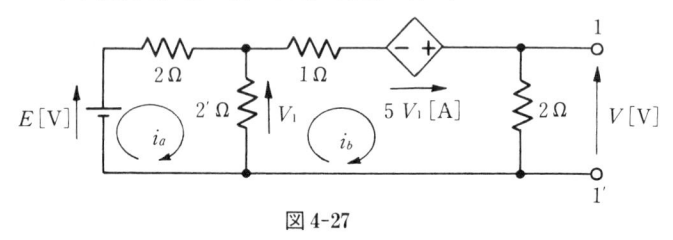

図4-27

6. 図4-28に示す回路はブリッジ回路と呼ばれる．抵抗 R に最大の電力を供給するためには抵抗 R をいくらにすればよいか．またそのときの最大電力を求めなさい．
（ヒント：ブリッジ回路において端子 a, b の抵抗 R 以外の回路部分についてテブナンの定理から等価電圧源を求めなさい）

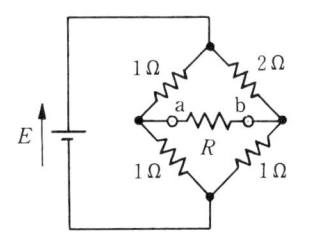

図4-28

第5章

キャパシタとインダクタ

　電気回路を構成する素子としてキャパシタとインダクタの導入を行う．キャパシタは電荷の蓄積によって電気エネルギーを保持することができる．一方，インダクタは電流による磁界によって磁気エネルギーを保持することができる素子であり，これらによって回路のダイナミックな特性が発生する．まず，それぞれの素子の働きについて述べ，それらを抵抗と接続した回路に電源を接続したときの回路の時間応答を理解する．ここでの解析は微分方程式によるもっと一般的な回路応答計算法の基本である．

5-1　キャパシタ

　キャパシタ（**静電容量**，**コンデンサ**ともいう）は異なる電荷が互いに引き合う性質を利用したものである．

　図 5-1 に示すキャパシタの二つの電極間に直流電圧をかけると短時間にプラス極に $+Q$，マイナス極に $-Q$ の電荷が発生し両電極の電圧は V となる．これをキャパシタの充電（チャージング）という．電圧 V が大きいと電荷を

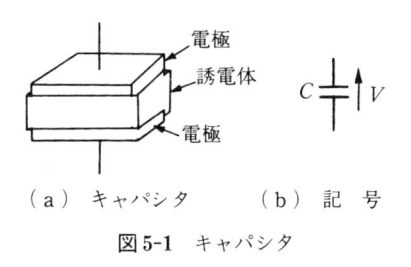

（a）キャパシタ　　（b）記号

図 5-1　キャパシタ

送り出す能力が高いため電荷 Q は増える．このときの電気量を蓄える能力を**キャパシタンス**といい，記号 C を用いる．キャパシタンス C は

$$Q = CV \tag{5-1}$$

により定義される．その単位はファラド［記号：F］である．すなわち，式(5-1)から

$$[ファラド]=[クーロン]/[ボルト] \tag{5-2}$$

である．通常，キャパシタンスの単位として［F：ファラド］は大きすぎるので，実際にはマイクロファラド［μF＝10^{-6} F］や，ピコファラド［pF＝10^{-12} F］がよく使われる（付録A）．

キャパシタンス C は電極間の距離に反比例し，電極面積に比例する．これは，電極間距離が小さいとき，異なる電荷を引きつける力が増すことから明らかである．

実際に身近な回路で使われるキャパシタは電極間にはさむ誘電体の種類や電極の構造の違いで種々のタイプがある（図5-2）．

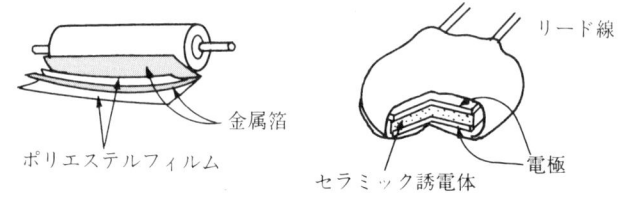

(a) 電極間に誘電体をはさんでロール巻きにしたもの　　(b) 円盤状誘電体を電極ではさんで覆ったもの

図5-2　キャパシタの例

キャパシタは集積回路として用いられると共に，高周波数ではストレイキャパシタ（浮遊容量）として電子機器の導線間にキャパシタが発生する場合がある．

（1）　キャパシタの接続
（a）　直列接続

図5-3(a)に示すように二つのキャパシタが直列接続されたときの全体のキャパシタンス C を求めてみよう．

(a) 直列接続　　　　(b) 並列接続

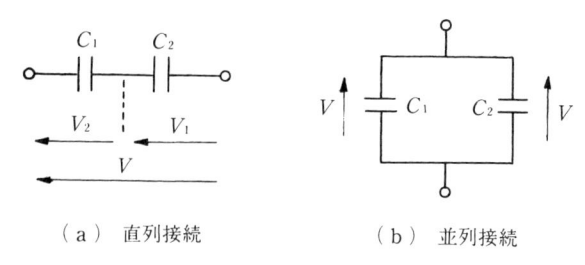

図 5-3　キャパシタの接続

このとき，いずれのキャパシタにも電荷 Q が蓄えられるので，
$$Q_1 = Q_2 = Q \tag{5-3}$$
また，$Q_1 = C_1 V_1$，$Q_2 = C_2 V_2$ より
$$V = V_1 + V_2 = \frac{Q_1}{C_1} + \frac{Q_2}{C_2} = Q\left(\frac{1}{C_1} + \frac{1}{C_2}\right) = \frac{Q}{C} \tag{5-4}$$
なので，
$$\frac{1}{C} = \frac{1}{C_1} + \frac{1}{C_2} \tag{5-5}$$
が成り立つ．

(b) **並列接続**

図 5-3(b) のようにそれぞれのキャパシタンスが C_1，C_2 である二つのキャパシタが並列接続されたとき，全体のキャパシタンス C を求めてみよう．両キャパシタにかかる電圧は共通で V である．全体の電荷 Q は
$$Q = Q_1 + Q_2 = C_1 V + C_2 V = (C_1 + C_2)V = CV \tag{5-6}$$
より，
$$C = C_1 + C_2 \tag{5-7}$$

(2) **キャパシタにおける電圧・電流の関係**

キャパシタに蓄積された電気量（電荷）と電圧の関係は，式(5-1)によって与えられている．ここでは，キャパシタにかかる電圧 $v(t)$ と電流 $i(t)$ の関係について述べる．キャパシタに蓄積された電荷が時間と共に変動するものとして $q(t)$ とおくと，式(5-1)より
$$q(t) = Cv(t) \tag{5-8}$$

なので，電流 $i(t)$ と電圧 $v(t)$ の関係は

$$i(t) = \frac{dq(t)}{dt} = C\frac{dv(t)}{dt} \tag{5-9}$$

となる．このことから，キャパシタではそこにかかる電圧の変化があるときだけ電流が流れる．

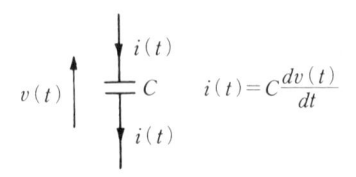

図 5-4 $v(t)$ と $i(t)$ の関係

図 5-4 における $i(t)$ の矢印の意味については説明が必要である．プラス電極への正の電荷の流入量と同じ負電荷がマイナス電極に流入するので両電極で電流 $i(t)$ が図の上方から下方に流れると考える．

式 (5-9) から明らかに，

$$v(t) = \frac{1}{C}\int i(\tau)d\tau \tag{5-10}$$

である．この式は電流の変化に対応した電気量が蓄積されて電圧の変化となることを示している．

[**例題 5-1**] キャパシタに図 5-5(a) の電流 $i(t)$ を流したときの $v(t)$ の $t = 0$ 以降の応答を求めなさい．ただし，$C = 1F$ とする．

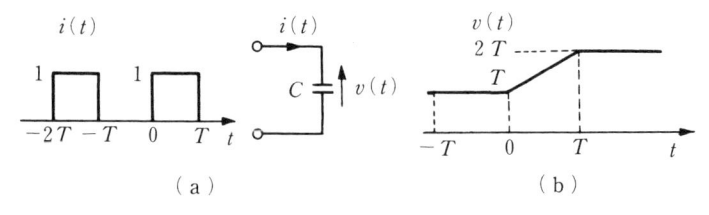

図 5-5

[**解**] 式 (5-10) の関係から，$0 \leq t < T$ のとき

$$v(t) = \int_{-\infty}^{t} i(\tau)d\tau = \int_{-\infty}^{0} i(\tau)d\tau + \int_{0}^{t} i(\tau)d\tau$$

$$= T + \int_0^t 1 \cdot d\tau = T + t \tag{5-11}$$

$t \geqq T$ のとき，
$$v(t) = \int_{-\infty}^{T} i(\tau) d\tau = 2T \tag{5-12}$$

これらの結果を図 5-5(b) に示す．

　ここでキャパシタや後述のインダクタが抵抗と基本的に異なる点について考えよう．抵抗では電圧と電流は各時刻ごとに比例するので時刻 t の電圧 $v(t)$ は同時刻の電流 $i(t)$ によってのみ決定された．キャパシタでは時刻 t の電圧はそれまでの電流を積分したものであって，それ以前の電流の履歴に応じて決まる．このことからキャパシタはインダクタと同様，メモリ（あるいはダイナミックス）をもっているといわれる．

5-2　キャパシタ・抵抗（RC）回路の応答

　キャパシタと抵抗を含む回路の電流，電圧の変化（応答）について，特にキャパシタへの充電と放電の二つの現象を例として説明する．

（1）　キャパシタへの充電

　図 5-6 のように，キャパシタに直流電源から抵抗 R を通して充電（チャージ）する場合について考える．図のスイッチ S は $t=0$ において閉じるものとする．また，$t<0$ においてキャパシタ電圧 $v(t)$ は 0 V であるとする．まず物理現象として眺めてみる．$t=0$ においてスイッチ S を閉じた瞬間から電流 $i(t)$ が流れ，急にキャパシタの電圧 $v(t)$ が上昇する．電流 $i(t)$ は次第に小さくなり，$v(t)$ が電源電圧 E に近づき両者が等しくなったところで $i(t)$ はゼロとなる．$i=0$ のとき R による電圧降下がないので $v(t)=E$ となる．このような状態を定常状態にあるという．

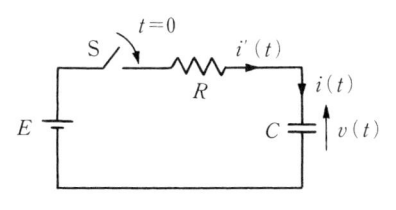

図 5-6　キャパシタの充電

以下，$t > 0$ におけるこの現象を数式により解析する．

キャパシタを流れる電流を $i(t)$ とすると

$$i(t) = C\frac{dv(t)}{dt}$$

一方，抵抗 R を流れる電流 $i'(t)$ は

$$i'(t) = \frac{E - v(t)}{R} \tag{5-13}$$

なので，KCL，$i(t) = i'(t)$ より

$$CR\frac{dv(t)}{dt} + v(t) = E \tag{5-14}$$

となる．

ここで，微分方程式の解法について順を追って説明する．

[1] **一般解**（同次方程式の解） $v_1(t)$

式(5-14)の右辺をゼロとしたときの応答，すなわち同次微分方程式

$$CR\frac{dv(t)}{dt} + v(t) = 0 \tag{5-15}$$

の解 $v_1(t)$ を求める．これはよく知られているように（付録 C 参照）

$$v_1(t) = Ae^{-\frac{1}{RC}t} \tag{5-16}$$

である．ここに A は任意の実数である．

[2] **特殊解** $v_2(t)$

微分方程式(5-14)の右辺が一定値 E なので，特殊解として

$$v_2(t) = V_s \quad (一定値) \tag{5-17}$$

とおき，これを式(5-14)に代入すると，$dv_2(t)/dt = 0$ なので，

$$V_s = E \tag{5-18}$$

となる．

[3] **初期条件**

微分方程式(5-14)の解は一般解と特殊解の和で与えられ，

$$\begin{aligned} v(t) &= v_1(t) + v_2(t) \\ &= Ae^{-\frac{1}{RC}t} + E \end{aligned} \tag{5-19}$$

は初期条件 $v(0) = 0$ を満たすことから，$A + E = 0$ より

$$A = -E \tag{5-20}$$

結局，

$$v(t) = E(1 - e^{-\frac{1}{RC}t}) \tag{5-21}$$

となる．一方，回路を流れる電流は $i(t) = C(dv(t)/dt)$ より，

$$i(t) = \frac{E}{R} e^{-\frac{1}{RC}t} \tag{5-22}$$

である．これらの結果を図5-7に示す．先に述べた物理現象に対応する応答となっていることが理解できる．

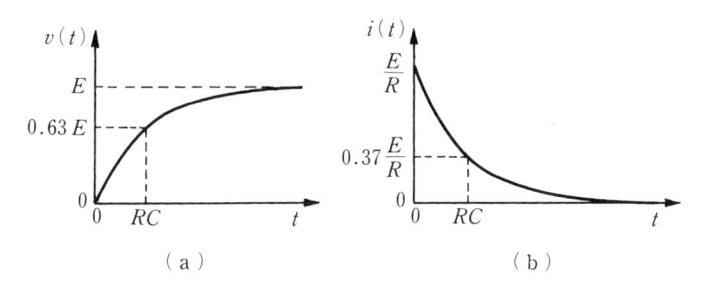

図5-7 回路（図5-6）の応答

ここで，$v(t)$ が増大して E になる，あるいは $i(t)$ がゼロへと減少するスピードについて考える．$v(t)$，$i(t)$ の $t = RC$ における値を求めると，

$$v(RC) = E(1 - e^{-1}) \fallingdotseq 0.632E \quad （最終値 E の約 63\%） \tag{5-23}$$

$$i(RC) = 0.368E/R \quad （t = 0 のときの約 37\%） \tag{5-24}$$

である．積 RC が小さいほど応答（充電）のスピードが速くなる．定数 RC を図5-6の回路の**時定数**（time constant）と呼び，応答のスピードのパラメータ（慣用として，τ（タウ）で表わす）としてよく用いられる．例えば $t = 5\tau = 5RC$ のとき，$i(t)$ は $t = 0$ のときの1%以下となる．

（2） キャパシタからの放電

図5-8のように充電されたキャパシタに抵抗 R を接続（$t = 0$ でスイッチ S を b 側に閉じる）して，放電（ディスチャージ）する場合について考える．

なお，$t = 0$ における C の電圧を $v(0) = V_0$ [V]とする．このとき，回路に成立する等式は式 (5-15) と同様

64 第5章 キャパシタとインダクタ

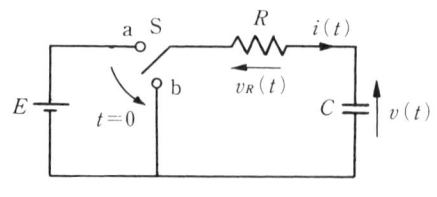

図 5-8 キャパシタからの放電

$$CR\frac{dv(t)}{dt} + v(t) = 0 \qquad (5\text{-}25)$$

である．したがって，このときの解は一般解のみからなり，

$$v(t) = Ae^{-\frac{1}{RC}t} \qquad (5\text{-}26)$$

となる．これに初期条件 $v(0) = V_0$ を代入すると，$A = V_0$．

結局，

$$v(t) = V_0 e^{-\frac{1}{RC}t} \qquad (5\text{-}27)$$

回路を流れる電流は，$i(t) = C(dv(t)/dt)$ より，

$$i(t) = -\frac{V_0}{R}e^{-\frac{1}{RC}t} \qquad (5\text{-}28)$$

これらの応答を図 5-9 に示す．

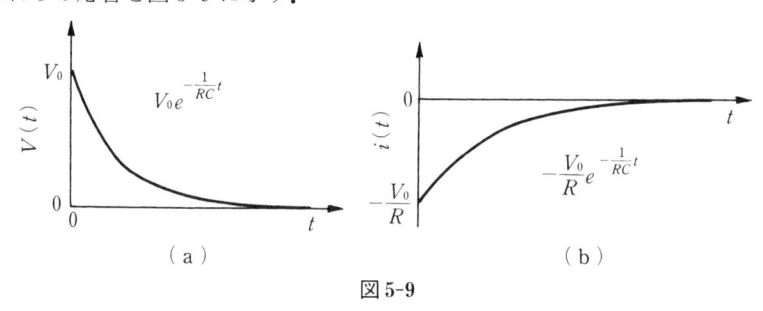

図 5-9

このときの放電のスピードは充電のときと同様，時定数 $\tau = RC$ によって決まる．例えば，$R = 1\,\mathrm{k\Omega}$，$C = 0.01\,\mu\mathrm{F}$ のとき，$\tau = RC = 10^3 \times 10^{-8}\,\mathrm{s} = 10^{-5}\,\mathrm{s} = 10\,\mu\mathrm{s}$ となる．

[**例題 5-2**] 図 5-10(a) の RC 回路において，キャパシタからの放電現象での時定数を求めなさい．

図 5-10

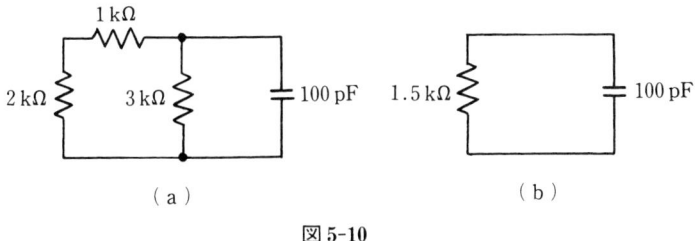

[解] 図(a)の回路で抵抗部分を合成して単一のものにすると，図(b)となる．したがって，回路の時定数は

$$1.5 \times 10^3 \times 100 \times 10^{-12} = 0.15 \times 10^{-6} \text{s} = 0.15 \, \mu\text{s}$$

5-3 インダクタ

コイルに流れる電流が変化することにより磁束の変化が発生し，それによってコイル自体に起電力が誘導される．ファラデーによって見いだされたこの電磁誘導現象を用いた素子が**インダクタ**（コイル）である．インダクタは図5-11に示すように，芯となる物質（ただし，中空として芯を用いない場合もある）に導線を巻き付けて作られる．

コイルに電流 $i(t)$ を流すと，磁束 ϕ が発生し，そのときコイルの巻数に応じた鎖交磁束 $\Phi(t)$ は電流と比例し，

$$\Phi(t) = Li(t) \tag{5-29}$$

が成立する．このときの比例係数 L を**インダクタンス**（正確には自己インダクタンス）という．インダクタンスの単位はヘンリー［記号：H］である．通常ヘンリーは単位として大きいので，ミリヘンリー（mH＝10^{-3}H），マイクロヘンリー（μH＝10^{-6}H）がよく使われる．

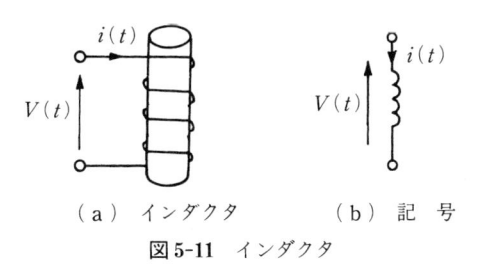

（a）インダクタ　　　（b）記　号

図 5-11　インダクタ

(1) インダクタにおける電流と電圧の関係

ファラデーの法則から、コイルに発生する起電力は鎖交磁束 $\Phi(t)$ の変化量 $(d\Phi(t)/dt)$ に比例し、

$$v(t) = \frac{d\Phi(t)}{dt} = L\frac{di(t)}{dt} \tag{5-30}$$

となる．これがインダクタにおける電圧と電流の関係である．また，この起電力は磁束の変化を妨げる方向に発生する．

インダクタでは電流の変化によって起電力が発生し，しかもその電流の変化を妨げるような起電力である．このことは電流の変化に対する，力学でいう慣性の作用と同様な働きと考えればよい．式(5-30)の関係より，

$$i(t) = \frac{1}{L}\int v(\tau)d\tau \tag{5-31}$$

が成り立つ．

インダクタとキャパシタの間には表5-1に整理されるように互いに双対と呼ばれる関係がある．

表5-1 キャパシタ，インダクタの特性

	i	v
キャパシタ	$C\dfrac{dv}{dt}$	$\dfrac{1}{C}\int i dt$
インダクタ	$\dfrac{1}{L}\int v dt$	$L\dfrac{di}{dt}$

回路部品として利用されるインダクタには空芯コイルと呼ばれる中空のコイルや磁性材料を芯にした磁心入りコイルもある．磁心入りの効果により大きなインダクタンスを実現でき，インダクタの小型化ができる．

(2) インダクタの直列・並列接続

(a) 直列接続

図5-12(a)に示すように，二つのインダクタ L_1, L_2 を直列に接続し，しかもそれぞれの磁束が他のコイルと鎖交しない状態にあるとき，全体のインダクタンス L は

（a）直列接続　　　（b）並列接続

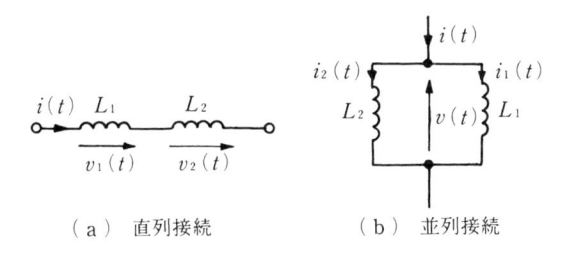

図 5-12　インダクタンスの接続

$$L = L_1 + L_2 \tag{5-32}$$

である．電流が共通であることから

$$v(t) = L_1 \frac{di(t)}{dt} + L_2 \frac{di(t)}{dt} = (L_1 + L_2)\frac{di(t)}{dt} = L\frac{di(t)}{dt} \tag{5-33}$$

より明らかである．

(b) 並列接続

図 5-12(b) のように二つのインダクタ L_1，L_2 を並列に接続し，互いに他のコイルの磁束が鎖交しないとき全体のインダクタンス L を求める．$i(t) = i_1(t) + i_2(t)$ より両辺の微分をとることで，

$$\frac{v(t)}{L} = \frac{v(t)}{L_1} + \frac{v(t)}{L_2} \tag{5-34}$$

となるので，

$$\frac{1}{L} = \frac{1}{L_1} + \frac{1}{L_2} \tag{5-35}$$

が成り立つ．

3 個以上のインダクタに対する直列・並列接続も同様である．なお，ここではインダクタどうしで磁束が独立していると仮定したが，変成器 (10 章で述べる) は互いのコイルの磁束を結合させて電圧，電流の変換を行っている．

5-4　インダクタ・抵抗 (*RL*) 回路

図 5-13 に示すように抵抗とインダクタを直列に接続した回路に直流電圧源 E を $t = 0$ にスイッチ S を閉じて接続する．このとき，回路を流れる電流

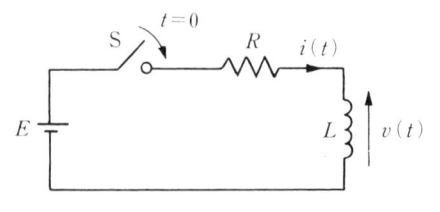

図5-13　RL回路

$i(t)$，インダクタにかかる電圧 $v(t)$ を求める．なお，$t=0$ 以前に回路を流れている電流 $i(0)$ はゼロとする．

インダクタにかかる電圧が $L(di(t)/dt)$ であることと，KVL から，$t>0$ において

$$L\frac{di(t)}{dt} + Ri(t) = E \tag{5-36}$$

が成立する．この微分方程式の解を以下の手順にしたがって求める．

［1］　**一般解**　$i_1(t)$

式(5-36)の右辺をゼロとした，

$$L\frac{di(t)}{dt} + Ri(t) = 0 \tag{5-37}$$

の解 $i_1(t)$ は

$$i_1(t) = A^{-\frac{R}{L}t} \quad (A：任意の実数) \tag{5-38}$$

となる．

［2］　**特殊解**　$i_2(t)$

$$i_2(t) = I_s \quad (一定値) \tag{5-39}$$

とおくと，式(5-36)より，$I_s = E/R$ となる．

［3］　**初期条件**

微分方程式(5-36)の解は

$$i(t) = i_1(t) + i_2(t) = Ae^{-\frac{R}{L}t} + \frac{E}{R} \tag{5-40}$$

であり，未知数 A は初期条件，$i(0) = A + E/R = 0$ より

$$A = -\frac{E}{R} \tag{5-41}$$

結局，電流 $i(t)$ は

$$i(t) = \frac{E}{R}(1 - e^{-\frac{R}{L}t}) \tag{5-42}$$

インダクタにかかる電圧は

$$v(t) = L\frac{di(t)}{dt} = Ee^{-\frac{R}{L}t} \tag{5-43}$$

これらの応答を図 5-14 に示す．

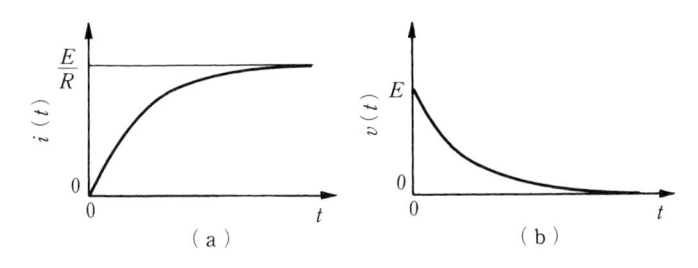

図 5-14　*RL* 回路（図 5-13）の応答

ここに示した *RL* 直列回路の応答と図 5-7 に示した *RC* 直列回路の応答と比べながら互いに双対となっている現象を理解してほしい．*RL* 回路ではインダクタ電流 $i(t)$ が徐々に大きくなり，定常状態で一定電流 E/R となる．一方，$v(t)$ は減少してゼロになる．

次に一定電流の流れているインダクタに抵抗 R を接続した場合について考える．これは図 5-15 に示すように定常的な電流 I_s がながれているとき，スイッチ S を $t = 0$ において b 側に閉じることに相当する．したがって，$t \geqq 0$ において成立する微分方程式は，式(5-37)である．

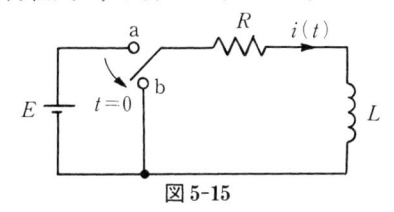

図 5-15

$$L\frac{di(t)}{dt} + Ri(t) = 0 \tag{5-44}$$

また，$i(0) = I_s$ より

$$i(t) = I_s e^{-\frac{R}{L}t} \tag{5-45}$$

となる．これらの応答のスピードについては RC 回路のときと同様に時定数が定められる．RL 回路での時定数は

$$\tau = \frac{L}{R} \tag{5-46}$$

である．例えば，$R = 1\,\mathrm{k\Omega}$，$L = 10\,\mathrm{mH}$ のとき，$\tau = 10^{-5}\,\mathrm{s} = 10\,\mu\mathrm{s}$ である．

[例題 5-3] 図 5-16(a) の RL 回路の初期状態からの応答における時定数を求めなさい．

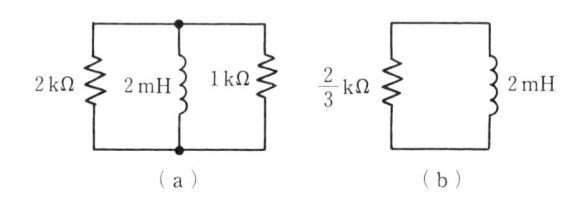

図 5-16

[解] 図(a)の回路で並列抵抗部分を合成して単一のものにすると，図(b)となる．したがって，回路の時定数は

$$\frac{2 \times 10^{-3}}{(2/3) \times 10^3} = 3 \times 10^{-6} = 3\,\mu\mathrm{s}$$

5-5 キャパシタとインダクタに蓄えられるエネルギー

すでに1章で説明したように回路で消費する電力は電圧と電流の積で与えられ，それを時間にわたって積分したものがその時間区間に消費されたエネルギーである．キャパシタやインダクタはエネルギーの損失がなくエネルギーを蓄積できる素子である．ここでは，これらの蓄積エネルギーについて調べる．

まず一般的に，図 5-17 の回路において矢印の方向を正とする電圧 $v(t)$ と電

図 5-17 回路で消費される電力とエネルギー

流 $i(t)$ があるとき，**瞬時電力** $p(t)$ は
$$p(t) = v(t)i(t) \tag{5-47}$$
で定義され，これを $-\infty \sim +\infty$ で積分した
$$W = \int_{-\infty}^{+\infty} p(t)dt \tag{5-48}$$
がすべての時間区間にわたって回路で消費，あるいは蓄積されたエネルギーである．

（1） キャパシタの蓄積エネルギー

図 5-6 で示したキャパシタの充電においてキャパシタの電源側からキャパシタに供給される瞬時電力は式 $(5\text{-}21)$，$(5\text{-}22)$ より
$$p(t) = v(t)i(t) = \frac{E^2}{R}(e^{-\frac{1}{RC}t} - e^{-\frac{2}{RC}t}) \tag{5-49}$$
である（図 5-18）．

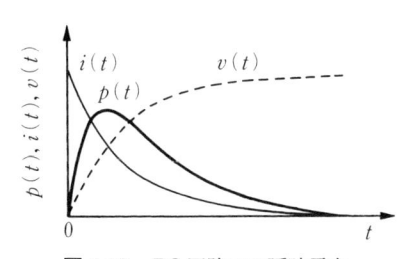

図 5-18 RC 回路での瞬時電力

そこで，充電のプロセスでキャパシタに蓄えられたエネルギーは
$$W_c = \int_0^{+\infty} p(t)dt = \frac{E^2}{R}\int_0^{+\infty}(e^{-\frac{1}{RC}t} - e^{-\frac{2}{RC}t})dt$$
$$= \frac{CE^2}{2} = \frac{Q^2}{2C} \,[\text{J}] \tag{5-50}$$
となる．このように抵抗値 R は蓄積エネルギーに関係しない．このことから充電のスピードによらず同じエネルギーがキャパシタに蓄積されることがわかる．このエネルギーは図 5-8 の放電のプロセスを通じて R において消費されるエネルギーとして取り出すことができる．そこで，放電の過程での電力とエネルギーを計算する．図 5-8 において $v_R(t) = -v(t)$ と式 $(5\text{-}27)$，$(5\text{-}28)$ より，R で消費される瞬時電力は

$$p(t) = \frac{V_0^2}{R} e^{-\frac{2}{RC}t} \tag{5-51}$$

であり，全過程を通じて消費されるエネルギーは

$$\int_0^{+\infty} p(t)dt = \frac{V_0^2}{R} \int_0^{+\infty} e^{-\frac{2}{RC}t} dt = \frac{CV_0^2}{2} \tag{5-52}$$

となって，$E = V_0$ のとき式(5-50)の結果と一致する．

（2） インダクタの蓄積エネルギー

インダクタは磁気的エネルギーを蓄積することができる．そこで，図5-13の例においてインダクタのもつエネルギーを求めると，

$$W_L = \int_0^{+\infty} p(t)dt = \frac{E^2}{R} \int_0^{+\infty} (e^{-\frac{R}{L}t} - e^{-2\frac{R}{L}t}) dt = \frac{LE^2}{2R^2} = \frac{LI_s^2}{2} [\text{J}] \tag{5-53}$$

すなわち，電流 I_s がインダクタに流れている状態で蓄積されているエネルギーは $(1/2)LI_s^2$ である．

第5章のまとめ

- キャパシタの電荷を蓄える能力をキャパシタンスと呼び，記号に C が用いられる．単位はファラッド［F］．
- キャパシタ両端の電圧 $v(t)$，電流 $i(t)$，電荷 $q(t)$ に以下の関係が成立する．

$$q(t) = Cv(t), \quad i(t) = C\frac{dv(t)}{dt}$$

- 抵抗・キャパシタ回路における充電過程と放電過程は指数関数的な現象で，応答のスピードは時定数 $= RC$ によって決まる．
- インダクタでは電流とそれにより発生する磁束の比例係数をインダクタンスと呼び，記号に L が用いられる．単位はヘンリー［H］．
- インダクタの電流 $i(t)$，電圧 $v(t)$，磁束 $\Phi(t)$ に以下の関係が成立する．

$$\Phi(t) = Li(t), \quad v(t) = L\frac{di(t)}{dt}$$

- 抵抗・インダクタ回路の時定数は L/R である．
- 電荷を Q だけ蓄えたキャパシタのもつエネルギーは $Q^2/2C$，インダクタに

電流 I_s が流れる状態で蓄えられているエネルギーは $LI_s^2/2$ である.

演習問題

1. 図 5-19 のようにキャパシタを接続したとき,回路全体のキャパシタンスを求めなさい.

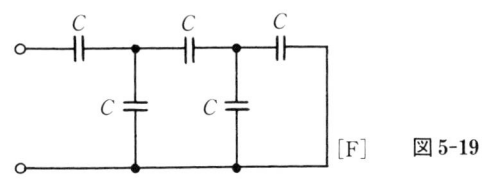

図 5-19

2. 図 5-20 の回路において,初期電圧がゼロであるキャパシタへ充電するときの応答の時定数が,$1\,\mu$s 以下となるためのキャパシタンス C の満たすべき条件を与えなさい.

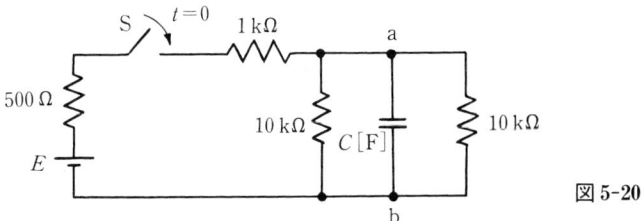

図 5-20

3. 図 5-21 の回路でスイッチ S を周期 T [s] で,S_1 の状態に $T/2$ [s] 間,S_2 の状態に $T/2$ [s] 間で繰り返して切り換えたときの $v(t)$,$i(t)$ の応答の概略図を示しなさい.なお,$T > 20RC$ の条件を満たしているものとする.

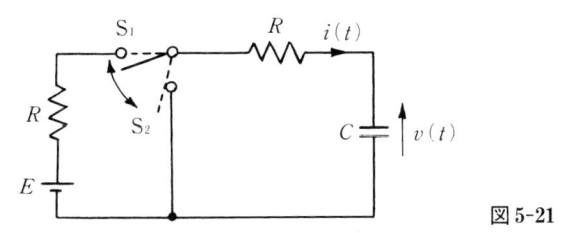

図 5-21

4. 図 5-22 の RC 回路において $t = 0$ にスイッチ S を閉じるものとして以下の問いに答えなさい.
  (1) $v(t)$ の満たす微分方程式を与えなさい

（2） 求めた(1)の微分方程式を解きなさい．なお，$v(0) = 0$ とする

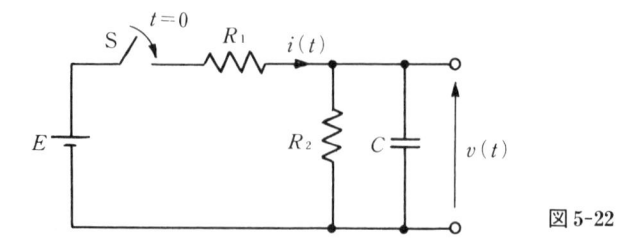

図 5-22

5. 図 5-11 のインダクタに図 5-23 のような電流 $i(t)$ を流したとき，インダクタ両端の電圧の変化を図示しなさい．

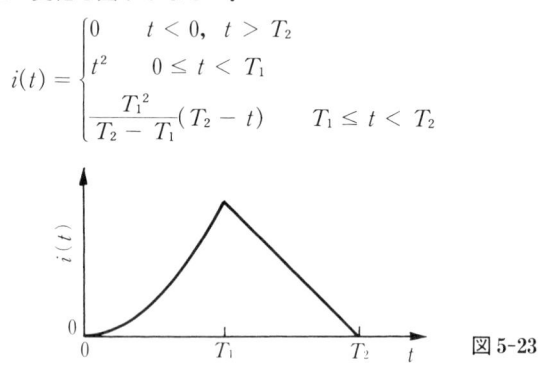

$$i(t) = \begin{cases} 0 & t < 0, \ t > T_2 \\ t^2 & 0 \leq t < T_1 \\ \dfrac{T_1^2}{T_2 - T_1}(T_2 - t) & T_1 \leq t < T_2 \end{cases}$$

図 5-23

6. 図 5-24 の回路において，$t = 0$ でスイッチを閉じる．この回路の時定数を与えなさい．なお，$t = 0$ におけるインダクタの電流はゼロとする．

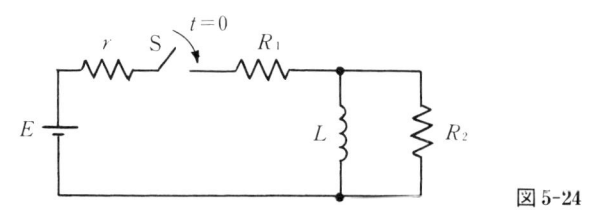

図 5-24

7. 図 5-25 の RL 回路において $t = 0$ にスイッチ S を閉じるものとして以下の問いに答えなさい．
（1） インダクタを流れる電流，$i(t)$ の満たす微分方程式を与えなさい．
（2） 求めた(1)の微分方程式を解きなさい．なお，$i(0) = 0$ とする．
（3） スイッチ S を閉じて応答の変化がなくなるまで十分時間がたってからスイ

演習問題　75

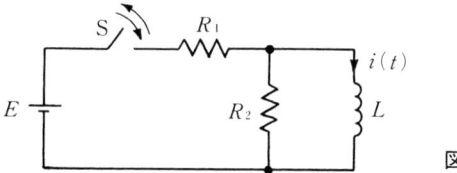

図5-25

ッチSを開いた．スイッチSを開いたときの時間を新たに $t=0$ と設定してインダクタを流れる電流の変化を求めなさい．

8. 図5-13の RL 回路と同様，$t=0$ でスイッチSを閉じたとき以降のインダクタ L への瞬時電力 $p_L(t)$ を求め，$p_L(t)$ が最大となる時刻を求めなさい．また，十分時間がたったとき，インダクタに蓄えられたエネルギーを求めなさい．なお，ここでは，

$$R = 100\,\Omega, \quad L = 2\,\mathrm{mH}, \quad E = 10\,\mathrm{V}$$

とする．

第6章

回路の応答

　回路に電源を接続したときの応答は初期の回路の状態から定常状態へ推移する．このような現象について整理した上で，キャパシタとインダクタが共に含まれる回路の応答について学ぶ．これらの素子間で互いにエネルギーをやりとりすることでバラエティーに富む応答が発生することがわかる．ここでの線形常微分方程式による解析は一般の工学システム解析の基本でもある．

6-1　初期状態，過渡状態，定常状態

　5章において簡単なキャパシタ・抵抗（RC）回路，インダクタ・抵抗（RL）回路に直流電源が加えられたときの応答について学んだ．ここでは 5-3 節のキャパシタへの充電現象によって時間関数としての回路応答の性質を考える．

　図 5-6 の回路において $t=0$ のキャパシタ電圧が $v(0)=V_0$ であるときの応答を求めると，式(5-20)が変更され，
$$A+E=V_0 \tag{6-1}$$
より，$A=V_0-E$ となる．したがって，回路の応答は
$$\begin{aligned}v(t)&=(V_0-E)e^{-\frac{1}{RC}t}+E\\&=V_0 e^{-\frac{1}{RC}t}+E(1-e^{-\frac{1}{RC}t})\end{aligned} \tag{6-2}$$
このように応答は二つの項に分かれる．第 1 項は初期電圧 V_0 によって与えられる応答であり，第 2 項は電源電圧 E によって与えられる部分である．これらはそれぞれ**ゼロ入力応答**，**ゼロ状態応答**と呼ばれる．ゼロ入力応答は電源電

圧 $E = 0$ のときの応答を意味し，ゼロ状態応答は初期値 V_0 がゼロのときの応答を示している．回路の応答を図示すると，V_0 と E の大小関係により様子が異なるが，$V_0 < E$ のときには，図 6-1 のような応答になる．

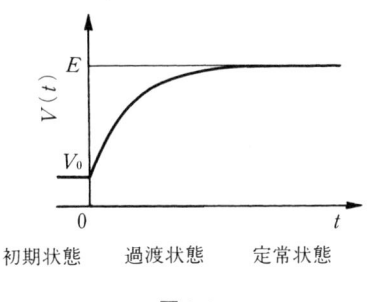

図 6-1

図に記入してあるように，通常，回路の応答は**初期状態**，**過渡状態**，**定常状態**の三つの部分に分けることができる．まず，初期状態は回路に電源が接続される（外力が加えられる）前の状態で，すべての電圧，電流がゼロのときもあれば，キャパシタに電荷が蓄えられて電圧がかかっている，あるいはインダクタに電流が流れている状態のこともある．一方，定常状態は十分に時間が経過したとき，回路の応答が一定（7章で述べるように，正弦波電源のときは振幅，位相が一定である正弦波応答）になったときのことをいう．ただし，回路によっては時間の経過につれて応答が発散する（不安定という）こともあり，そのときは定常状態が存在しない．

この定常状態と初期状態の間の応答，いわば微分方程式によって動的（ダイナミック）な変化が記述されている応答のときを過渡状態という．

6-2 直流電源回路の定常状態

直流電源が接続された回路の定常状態では回路各部の電圧 $v(t)$，電流 $i(t)$ が一定値となる．したがって，キャパシタ，インダクタにおける電流，電圧の関係から，以下のように考えればよい．

［キャパシタ］

$$i(t) = C\frac{dv}{dt} = 0 \qquad \text{開放}$$

[インダクタ]

$$v(t) = L\frac{di}{dt} = 0$$

短絡

このように，直流電源での定常状態の応答を求めるには，キャパシタ枝を開放，インダクタ枝を短絡した上で回路解析を行えばよい．

[**例題 6-1**] 図 6-2 の回路においてスイッチ S を閉じて十分時間が経過した定常状態における $v(t)$ の電圧 V_s を求めなさい．

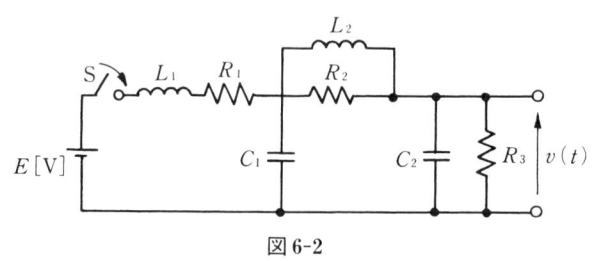

図 6-2

[**解**] 定常状態においてキャパシタは開放，インダクタは短絡となるので，図 6-2 の回路は等価的に図 6-3 のようになる．

これから，簡単に

$$V_s = \frac{R_3}{R_1 + R_3} E \tag{6-3}$$

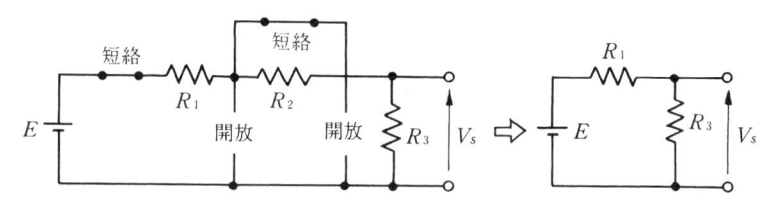

図 6-3 定常状態での等価回路

6-3 インダクタ・キャパシタ・抵抗（*RLC*）回路

5 章ではキャパシタ・抵抗（*RC*）回路やインダクタ・抵抗（*RL*）回路の応答について学んだ．以下の節では，これらを一般的にして，キャパシタとインダクタが共に含まれる回路の応答について学ぶ．その基本的な考え方は次のとおりである．

[回路の満たす微分方程式の求め方]

ここでは，R，L，C を含む回路について考える．まず，表 5-1 に示したように各素子の枝において成立する枝電圧・枝電流の関係式をまとめる．なお，初期時刻は t_0 とする．

抵抗枝： $$v(t) = Ri(t) \tag{6-4}$$

インダクタ枝： $$v(t) = L\frac{di(t)}{dt} \tag{6-5}$$

初期値 $i(t_0)$

キャパシタ枝： $$i(t) = C\frac{dv(t)}{dt} \tag{6-6}$$

初期値 $v(t_0)$

これらの枝ごとの関係式と，KCL，KVL などを利用した節点解析，ループ解析などにより回路全体で成立する電圧，電流の満たす微分方程式を導く．なお，場合によっては電荷 $q(t)$ に関する微分方程式となることもある．

6-4 *LC* 回路の応答

図 6-4 に示すインダクタ・キャパシタ（*LC*）回路においてキャパシタに電圧 V_0 がかかっている状態でスイッチ S を閉じたとき，回路を流れる電流 $i(t)$ とキャパシタにかかる電圧 $v_C(t)$ の変化を求める．

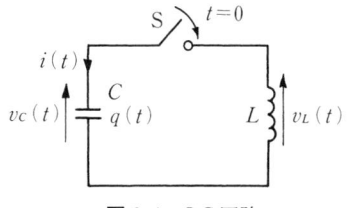

図 6-4 *LC* 回路

各素子の枝電圧-枝電流間の関係は

$$q(t) = Cv_C(t), \quad v_L(t) = -L\frac{di(t)}{dt} \tag{6-7}$$

KVL の関係式，$v_C(t) - v_L(t) = 0$ より

$$q(t) = -LC\frac{di(t)}{dt} \tag{6-8}$$

であり，また，$i(t) = dq(t)/dt$ なので，

$$LC\frac{d^2q(t)}{dt^2} + q(t) = 0 \qquad (6\text{-}9)$$

が成立する．このようにキャパシタとインダクタそれぞれ 1 個の，合計二つのエネルギー蓄積素子をもつとき電流，電圧，電荷は通常，二階の微分方程式を満たす．

微分方程式(6-9)を初期条件 $v_C(0) = V_0$，$i(0) = 0$ のもとに，付録 C に示した手順に従って解いてみよう．

[1] 特性方程式とその解

式(6-9)の特性方程式は

$$CL\lambda^2 + 1 = 0 \qquad (6\text{-}10)$$

であり，二つの解

$$j(1/\sqrt{LC}), \quad -j(1/\sqrt{LC})$$

をもつ．そこでこれを，

$$\left.\begin{array}{l} \lambda_1 = +j\omega_0 \\ \lambda_2 = -j\omega_0 \end{array}\right\} \qquad (6\text{-}11)$$

ここに，

$$\omega_0 = \frac{1}{\sqrt{LC}} \qquad (6\text{-}12)$$

とおく．

[2] 一般解

微分方程式(6-9)の一般解は，指数関数 $e^{\lambda_1 t}$，$e^{\lambda_2 t}$ の線形結合として，

$$q(t) = Ae^{\lambda_1 t} + Be^{\lambda_2 t} \qquad (6\text{-}13)$$

ここで，オイラーの公式より，

$$e^{\pm j\omega_0 t} = \cos\omega_0 t \pm j\sin\omega_0 t \qquad (6\text{-}14)$$

であり，係数 A，B は一般に複素数である．ただし，$q(t)$ は実数値をとることから，A，B の関係

$$B = \overline{A} \quad (\overline{A} : A \text{ の共役複素数})$$

が成り立つ．一般に，ある複素数 p が実数であることは，$\overline{p} = p$ が成立する

ことに等しいので，これを式(6-13)の $q(t)$ に適用すれば導くことができる．
そこで，
$$A = a + jb, \quad B = a - jb \quad (a, b : 実数)$$
を式(6-13)に代入すると，
$$q(t) = 2a\cos\omega_0 t - 2b\sin\omega_0 t \tag{6-15}$$
$$i(t) = \frac{dq(t)}{dt} = -2a\omega_0\sin\omega_0 t - 2b\omega_0\cos\omega_0 t \tag{6-16}$$

[3] 初期条件から a, b の決定

初期条件，$q(0) = CV_0$, $i(0) = 0$ より，
$$\left. \begin{array}{l} q(0) = 2a = CV_0 \\ i(0) = -2b\omega_0 = 0 \end{array} \right\} \tag{6-17}$$
なので，
$$a = CV_0/2, \quad b = 0$$
これより回路の応答 $q(t)$, $i(t)$, $v_c(t)$ は
$$q(t) = CV_0\cos\omega_0 t \tag{6-18}$$
$$i(t) = \frac{dq(t)}{dt} = -\omega_0 CV_0 \sin\omega_0 t$$
$$= -\sqrt{\frac{C}{L}} V_0 \sin\omega_0 t \tag{6-19}$$
$$v_c(t) = \frac{q(t)}{C} = V_0 \cos\omega_0 t \tag{6-20}$$

これらの電流 $i(t)$，電圧 $v_c(t)$ を図6-5に示す．
このようにLC回路では正弦波電源がなくても初期電圧があれば正弦波状

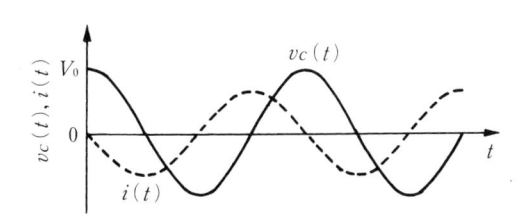

図 6-5

の電流, 電圧の振動が発生する. これはエネルギーを蓄積する素子であるインダクタとキャパシタ間でエネルギーのやり取りをするためである. そのことを示すために, それぞれ, キャパシタに蓄積される電力 $p_C = i(t)v_C(t)$ とインダクタに蓄積される電力 $p_L(t) = -i(t)v_L(t)$ を求める.

両者の間には

$$p_C(t) + p_L(t) = i(t)\{v_C(t) - v_L(t)\} = 0$$
$$(なぜなら\ v_C(t) - v_L(t) = 0)$$

が成立する. $p_C(t)$, $p_L(t)$ を個別に求めると,

$$p_C(t) = i(t)v_C(t) = -\omega_0 C V_0^2 \sin \omega_0 t \cos \omega_0 t$$
$$= -\frac{\omega_0 C V_0^2}{2} \sin 2\omega_0 t \tag{6-21}$$

$$p_L(t) = -i(t)(-L \cdot di(t)/dt)$$
$$= L \cdot \omega_0^3 (CV_0)^2 \sin \omega_0 t \cdot \cos \omega_0 t$$
$$= \frac{\omega_0 C V_0^2}{2} \sin 2\omega_0 t \tag{6-22}$$

なので, 同様に $p_C(t) + p_L(t) = 0$. すなわち, L と C に蓄積されるエネルギーが交互に増減し, 両者の和は常にゼロである. このことを図 6-6 に示す.

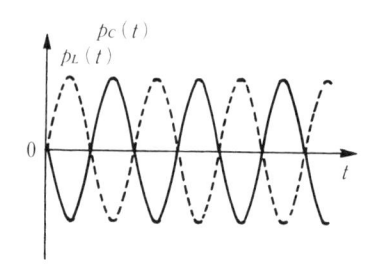

図 6-6 キャパシタとインダクタでの電力

このような電圧, 電流の周期的応答の周期は角周波数の関係式 $\omega_0 = 1/\sqrt{LC}$ より与えられる. すなわち, 周波数 $f_0 = \omega_0/2\pi = 1/2\pi\sqrt{LC}$ は 1 秒間の振動数 (単位はヘルツ (Hz)), その逆数, $T = 1/f_0 = 2\pi\sqrt{LC}$ が周期となる. 積 LC の値が小さいほど高い周波数の振動が発生することがわかる. 例えば, $L = 1\,\text{mH}$, $C = 1\,\mu\text{F}$ のとき, $f_0 = 1 \times 10^9/2\pi \fallingdotseq 160\,\text{MHz}$ (メガヘルツ) となる.

ω_0 はこの LC 回路の**共振角周波数**，f_0 は**共振周波数**と呼ばれる．共振の意味については後の 9 章で説明する．

[**例題 6-2**] 図 6-7（a）に示す LC 回路の共振周波数 f_0 を求めなさい．

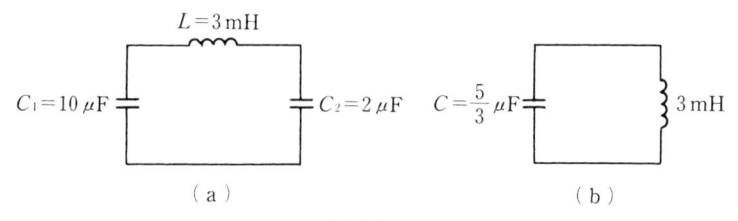

図 6-7

[**解**] キャパシタの合成を行うことで，図（b）の回路となる．そこで，

$$f_0 = \frac{1}{2\pi\sqrt{LC}} = \frac{1}{2\pi\sqrt{3 \times 10^{-3} \times \frac{5}{3} \times 10^{-6}}} = \frac{1}{2\pi\sqrt{50 \times 10^{-5}}}$$

$$\fallingdotseq 2.25 \times 10^3 \text{ Hz} = 2.25 \text{ kHz}$$

6-5 *RLC* 直列回路の応答（外部電源のない場合）

ここでは，図 6-4 の LC 回路に抵抗が直列接続された図 6-8 の回路の応答について調べる．初期条件は先の場合と同様に

$$v_C(0) = V_0, \quad i(0) = 0$$

とする．

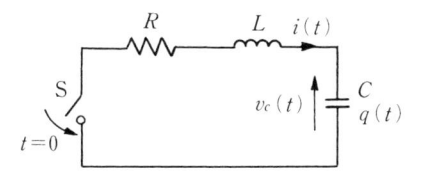

図 6-8 *RLC* 直列回路

回路の各素子における電流・電圧の関係はすでに述べたとおりであり，KVL より，電荷 $q(t)$ に対する微分方程式が次のように与えられる．

$$\frac{d^2q(t)}{dt^2} + \frac{R}{L}\frac{dq(t)}{dt} + \frac{1}{LC}q(t) = 0 \tag{6-23}$$

[1] 特性方程式とその解

式(6-23)の特性方程式は

$$\lambda^2 + \frac{R}{L}\lambda + \frac{1}{LC} = 0 \tag{6-24}$$

なので, 二つのパラメータ

$$\alpha \triangleq \frac{R}{2L}, \quad \omega_0 \triangleq \frac{1}{\sqrt{LC}} \tag{6-25}$$

を導入する. ω_0 はすでに共振角周波数として式(6-12)で定義されたものである. これより, 特性方程式(6-24)は

$$\lambda^2 + 2\alpha\lambda + \omega_0^2 = 0 \tag{6-26}$$

なので, 解は

$$\lambda_1 = -\alpha + \sqrt{\alpha^2 - \omega_0^2}, \quad \lambda_2 = -\alpha - \sqrt{\alpha^2 - \omega_0^2} \tag{6-27}$$

となる.

[2] 一般解

[1]から一般解は

$$q(t) = Ae^{\lambda_1 t} + Be^{\lambda_2 t} \quad (A, B：複素数) \tag{6-28}$$

となる. これをもっと具体的な関数形で表示するためには根 λ_1, λ_2 がどのような複素数となるか, 場合分けをしなければならない. 以下, それぞれの応答の様子から名称が付けられた三つの場合に分類して一般解の具体的な表現を与える.

（i）**非振動 $\alpha > \omega_0$**（すなわち, $R/(2L) > 1/\sqrt{LC}$）

このとき, λ_1, λ_2 は負の実数

$$\left.\begin{array}{l}\lambda_1 = -\alpha + \sqrt{\alpha^2 - \omega_0^2} \triangleq p_1 \\ \lambda_2 = -\alpha - \sqrt{\alpha^2 - \omega_0^2} \triangleq p_2\end{array}\right\} \tag{6-29}$$

となる. よって, 解の形は

$$q(t) = ae^{p_1 t} + be^{p_2 t} \tag{6-30}$$

$$i(t) = \frac{dq(t)}{dt} = ap_1 e^{p_1 t} + bp_2 e^{p_2 t} \tag{6-31}$$

で, いずれも二つの減衰する指数関数の和で与えられる. このケースでは

$q(t)$ が実数値をとることから a, b は実数である.

(ⅱ) **臨界振動 $\alpha = \omega_0$** (すなわち,$R/(2L) = 1/\sqrt{LC}$)
$$\lambda_1 = \lambda_2 = -\alpha \quad (負の実数)$$
となる.したがって,解は,
$$q(t) = (a + bt)e^{-\alpha t} \tag{6-32}$$
$$i(t) = \frac{dq(t)}{dt} = -(a\alpha - b + b\alpha t)e^{-\alpha t} \tag{6-33}$$
となる(付録 C 参照).ここに,a,b は実数.

(ⅲ) **減衰振動 $\alpha < \omega_0$** ($R/(2L) < 1/\sqrt{LC}$)
λ_1,λ_2 は負の実部をもち互いに共役複素数となる.
ここで,$\beta \triangleq \sqrt{\omega_0^2 - \alpha^2}$ とおくと,
$$\left.\begin{array}{l}\lambda_1 = -\alpha + j\beta \\ \lambda_2 = -\alpha - j\beta\end{array}\right\} \tag{6-34}$$
このとき,応答は
$$\begin{aligned}q(t) &= Ae^{-\alpha t}e^{j\beta t} + Be^{-\alpha t}e^{-j\beta t} \\ &= e^{-\alpha t}\{Ae^{j\beta t} + Be^{-j\beta t}\}\end{aligned} \tag{6-35}$$
ここに,A,B は複素数である.ただし,$q(t)$ が実数値をとることから,$B = \bar{A}$ なので,$A = a + jb$ とおくと,
$$q(t) = e^{-\alpha t}\{2a\cos\beta t - 2b\sin\beta t\} \tag{6-36}$$
$$\begin{aligned}i(t) &= \frac{dq(t)}{dt} \\ &= 2e^{-\alpha t}\{-(a\alpha + b\beta)\cos\beta t + (-a\beta + b\alpha)\sin\beta t\}\end{aligned} \tag{6-37}$$
で与えられる.これらは振動しながら減衰する応答である.

[3] **初期条件からの未知数 a,b の決定**
初期条件
$$q(0) = Cv_C(0) = CV_0$$
$$i(0) = 0$$
をそれぞれの場合に適用する.

(i) 非振動

$$\left.\begin{array}{l} a + b = CV_0 \\ ap_1 + bp_2 = 0 \end{array}\right\} \quad (6\text{-}38)$$

より，

$$\left.\begin{array}{l} a = \dfrac{p_2}{p_2 - p_1} CV_0 \\ b = \dfrac{-p_1}{p_2 - p_1} CV_0 \end{array}\right\} \quad (6\text{-}39)$$

なので，式(6-30)，(6-31)より

$$q(t) = \frac{CV_0}{p_2 - p_1}(p_2 e^{p_1 t} - p_1 e^{p_2 t}) \quad (6\text{-}40)$$

$$i(t) = \frac{CV_0 p_1 p_2}{p_2 - p_1}(e^{p_1 t} - e^{p_2 t}) \quad (6\text{-}41)$$

図 6-9 に，このときの応答，$v_C(t) = q(t)/C$, $i(t)$ の一例を示している．5章の RC 回路，RL 回路のような単一の指数関数による応答の場合と違っていることがわかる．

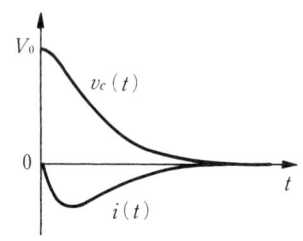

図 6-9　$v_C(t)$, $i(t)$ (非振動応答)

(ii) 臨界振動

初期条件,

$$a = CV_0, \quad b - \alpha a = 0$$

より，

$$\left.\begin{array}{l} a = CV_0 \\ b = \alpha CV_0 \end{array}\right\} \quad (6\text{-}42)$$

なので，解は式(6-32)，(6-33)より次式で与えられる．

$$q(t) = CV_0(1 + \alpha t)e^{-\alpha t} \quad (6\text{-}43)$$

$$i(t) = -CV_0 a^2 t e^{-at} \qquad (6\text{-}44)$$

図 6-10 に臨界振動のときの $v_C(t)$, $i(t)$ の応答例を示す.

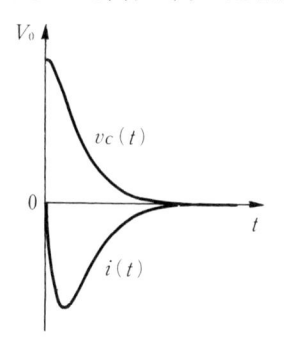

図 6-10 $v_C(t)$, $i(t)$ (臨界振動応答)

(iii) 減衰振動

初期条件,
$$q(0) = 2a = CV_0, \qquad i(0) = -2(a\alpha + b\beta) = 0$$
より,
$$\left.\begin{array}{l} 2a = CV_0 \\ 2b = -CV_0(\alpha/\beta) \end{array}\right\} \qquad (6\text{-}45)$$
となる. これを式(6-36)に代入すると,
$$\begin{aligned} q(t) &= e^{-\alpha t} CV_0 \left\{ \cos \beta t + \frac{\alpha}{\beta} \sin \beta t \right\} \\ &= CV_0 e^{-\alpha t} \sqrt{1 + (\alpha/\beta)^2} \sin(\beta t + \theta) \end{aligned} \qquad (6\text{-}46)$$
ここに,
$$\theta = \tan^{-1}(\beta/\alpha)$$
$$i(t) = -CV_0 \frac{\omega_0^2}{\beta} e^{-\alpha t} \sin \beta t \qquad (6\text{-}47)$$

図 6-11 に, このときの, $v_C(t)$ と $i(t)$ の応答例を示す.

このように, 減衰振動の場合は指数関数的に減衰する正弦波振動となる.
また, 振動部分は角周波数が β, すなわち周波数が
$$\beta/2\pi = \sqrt{\omega_0^2 - \alpha^2}/2\pi$$
で, α が小さいとき, $\omega_0/2\pi = 1/\sqrt{LC}$ に近づく.

88　第6章　回路の応答

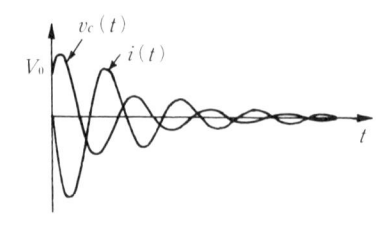

図 6-11　$v_c(t)$, (t)（減衰振動応答）

6-6　RLC 直列回路の応答（直流電源を加えた場合）

図 6-12 に示すように，$t=0$ にスイッチ S を閉じることで，RLC 直列回路に直流電圧 E を加えた場合のキャパシタ C の両端の電圧を求めてみよう．

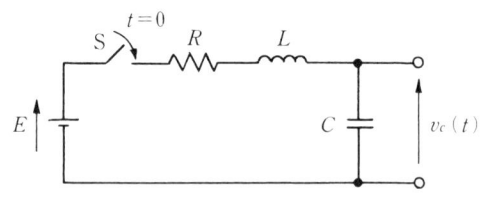

図 6-12　RLC 直列回路（直流電源入力）

式 (6-23) と同様，$t>0$ で回路に成り立つ KVL 方程式より，

$$\frac{d^2q(t)}{dt^2} + \frac{R}{L}\frac{dq(t)}{dt} + \frac{1}{LC}q(t) = \frac{1}{L}E \tag{6-48}$$

ここでは，初期条件を

$$i(0) = 0, \quad v_C(0) = 0 \tag{6-49}$$

と設定し，この微分方程式をこれまでと同様の方法で解く．

なお，紙数の関係で減衰振動応答の場合だけを考える．その他の場合は，演習問題とする．

[1]　一般解

同次方程式

$$\frac{d^2q(t)}{dt^2} + \frac{R}{L}\frac{dq(t)}{dt} + \frac{1}{LC}q(t) = 0 \tag{6-50}$$

を初期条件 (6-49) のもとで解く．これは，すでに 6-5 節において解析した結

果をそのまま利用することができる．すなわち，減衰振動条件，$R/2L < 1/\sqrt{LC}$ を満たす場合の一般解（$q_1(t)$ と書く）は式(6-36)で与えられる．

[2] **特殊解**（減衰振動応答）

式(6-48)の特殊解（これを $q_2(t)$ と書く）は，右辺が定数なので，
$$q_2(t) = CE \tag{6-51}$$
となる．（付録C参照）

[3] 結局，解は，式(6-36)の結果から
$$q(t) = q_1(t) + q_2(t) = 2e^{-\alpha t}\{a \cos \beta t - b \sin \beta t\} + CE \tag{6-52}$$

$$\begin{aligned} i(t) &= \frac{dq(t)}{dt} \\ &= 2e^{-\alpha t}\{-(a\alpha + b\beta)\cos \beta t + (-a\beta + b\alpha)\sin \beta t\} \end{aligned} \tag{6-53}$$

により与えられる．未知数 a, b は初期条件
$$Cv_C(0) = q(0) = 2a + CE = 0$$
$$i(0) = -2(a\alpha + b\beta) = 0$$
から次のようになる．
$$\left.\begin{aligned} a &= -\frac{C}{2}E \\ b &= \frac{\alpha}{\beta}\frac{C}{2}E \end{aligned}\right\} \tag{6-54}$$

これらを式(6-52)に代入して
$$\begin{aligned} q(t) &= -e^{-\alpha t}CE\left\{\cos \beta t + \frac{\alpha}{\beta}\sin \beta t\right\} + CE \\ &= -e^{-\alpha t}CE\sqrt{1 + \left(\frac{\alpha}{\beta}\right)^2}\sin(\beta t + \theta) + CE \end{aligned} \tag{6-55}$$

ここに，
$$\theta = \tan^{-1}(\beta/\alpha) \tag{6-56}$$

また，式(6-54)を式(6-53)に代入して，$\beta^2 + \alpha^2 = \omega_0^2$ より
$$i(t) = \frac{C}{2}\frac{\omega_0^2}{\beta}E \sin \beta t \tag{6-57}$$

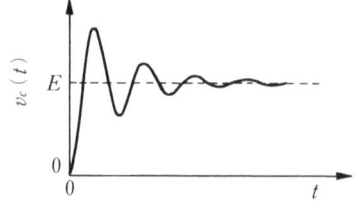

図 6-13　$v_C(t)$（減衰振動応答）

キャパシタ両端の電圧 $v_C(t) = q(t)/C$ の応答例を図 6-13 に示す．

このように，$v_C(t)$ は初期状態 $v_C(0) = 0$ から，定常状態での応答 $v_C(t) = E$ までの過渡状態での振動的な現象が生じる．

なお，素子値が非振動の場合 ($R/(2L) > 1/\sqrt{LC}$)，臨界振動の場合 ($R/(2L) = 1/\sqrt{LC}$) の応答の一例を図 6-14 に示す．このように図 6-13 と違って振動現象は発生しない．

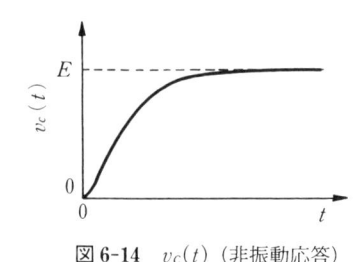

図 6-14　$v_C(t)$（非振動応答）

第 6 章のまとめ

- 回路の応答は，初期状態から過渡応答を経て，定常状態となる．
- 直流電源における回路の定常状態の解析では，キャパシタ枝を開放，インダクタ枝を短絡する．
- L, C, R からなる回路の応答は線形定係数微分方程式を初期条件のもとで解くことで与えられる．
- L, C よりなる回路では互いの素子間でエネルギーのやりとりにより振動が発生する．
- RLC 直列回路の応答は，抵抗成分の大きさによって，（a）非振動，（b）臨界振動，（c）減衰振動，の三つのタイプに分かれる．

演習問題

1. 図 6-15 の回路でスイッチ S を閉じて十分時間がたって定常状態になったときの電圧 $v(t)$ の値を求めなさい．

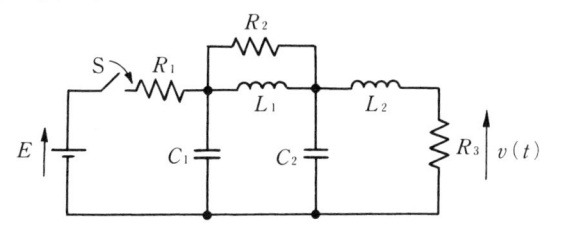

図 6-15

2. 図 6-4 の回路で，初期条件を $v_C(0) = 0$, $i(0) = I_s$ であるときの電流 $i(t)$ と電圧 $v_C(t)$ の応答を求めなさい．

3. キャパシタを 2 個含む図 6-16 の回路において，$t = 0$ においてスイッチ S を閉じた後の応答 $v_2(t)$ を次の手順で求めなさい．

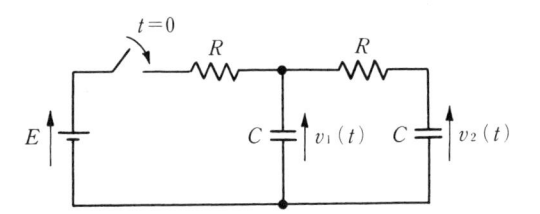

図 6-16

（1）図の $v_1(t)$ と $v_2(t)$ を用いて微分方程式をたて，$v_2(t)$ のみの微分方程式にすることで，$(RC)^2 \ddot{v}_2(t) + 3RC\dot{v}_2(t) + v_2(t) = E$
が求められることを示しなさい．
（2）$RC = \tau$ とおいて，微分方程式の特性方程式を求め，その解を求めなさい．
（3）一般解を求めなさい．
（4）特殊解を一定値とおいて，初期条件 $v_2(0) = 0$, $\dot{v}_2(0) = 0$ を代入し，$v_2(t)$ の応答を与えなさい．

4. 図 6-8 に示した RLC 直列回路において，$v_C(0) = V_0$, $i(0) = 0$ であるときのキャパシタにかかる電圧 $v_C(t)$ を以下の条件でそれぞれ求めなさい．
（1）$R = 2\,\Omega$, $L = 1\,\mathrm{H}$, $C = 1/5\,\mathrm{F}$
（2）$R = 3\,\Omega$, $L = 1\,\mathrm{H}$, $C = 1/2\,\mathrm{F}$

5. 図 6-12 に示す回路と同じ状況で，非振動条件
$$R/2L > 1/\sqrt{LC}$$
のときのキャパシタ両端の電圧 $v_C(t)$ の応答を求めなさい．

第7章

正弦波信号と複素数表示

正弦波形の電圧，電流である交流電圧源，電流源を含む回路の定常状態の解析には正弦波信号を複素数で表すフェザー法が重要である．これにより，正弦波信号の和や微分，積分といった演算を非常に簡単に求めることができる．この章の内容は次章以下の正弦波定常解析での基本となっている．

7-1 正弦波信号

回路解析において正弦波形の電圧，電流である交流電源による応答を求めることは重要な課題である．その理由の主なものは，① 電力システムのように電源電圧が正弦波形であること，② 任意の周期波形を正弦波形の和（フーリエ級数）として表すことができること，③ 正弦波形に対する応答は回路の機能としての周波数特性を与える基本的な特性であること，等である．

(1) 正弦波交流

電圧や電流の値が周期的に符号を変えるものを交流と呼ぶ．交流を発生する電源は交流発電機であり，磁界内において回転運動をする導体ループに電磁誘導現象によって正弦波起電力の発生を行っている．この章と後に続く章では正弦波状の交流電源が加えられた回路の応答の求め方についてまとめている．そのため，まず正弦関数について述べる．

一般に，正弦波形は

$$e(t) = E \sin(\omega t + \theta) \tag{7-1}$$

のように三つのパラメータ，E，ω，θ を用いて表すことができる．この正弦波形を図 7-1 に示す．それぞれのパラメータについて説明する．

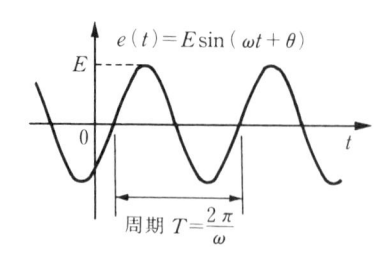

図 7-1　正弦波形

[振幅（最大値）E]

信号の絶対値の最大値 E を**振幅**と呼ぶ．

[角周波数 ω]

正弦波の周期性から

$$e(t) = E\sin(\omega t + \theta) = E\sin\left\{\omega\left(t + \frac{2\pi}{\omega}\right) + \theta\right\}$$

なので，$e(t)$ は時刻 t と $t + (2\pi/\omega)$ において常に同じ値である．したがって，

$$\frac{2\pi}{\omega}$$

はこの信号の周期であり，これを T [秒] とおく．また，$\omega = 2\pi f$ とおくと，

$$T = \frac{2\pi}{\omega} = \frac{1}{f} \tag{7-2}$$

の関係があり，f は $e(t)$ の 1 秒間の振動数で，**周波数**という．単位はヘルツ [Hz] である．また，ω は**角周波数**と呼ばれ，単位は [ラジアン/秒 (rad/s)] である．なお，本書では角周波数 ω も単に周波数と呼ぶ場合がある．

[位相 θ]

　位相は周期波形である正弦波形が $t = 0$（基準となる時刻をこのように設定する）において，どの値から出発するかが決定される量で単位は角度と同じラジアン [rad] である．式(7-1)の $e(t)$ においては $e(0) = E\sin\theta$ である．位相 θ が正か負であるかによって，$e(t)$ は基準となる波形，$E\sin\omega t$ に対して，**位相進み**，**位相遅れ**があるという．このとき θ を**位相差**という．角周波数 ω の正弦波では時間遅れ（時間進み）は $\tau = \theta/\omega$ [秒] である（図 7-2 参

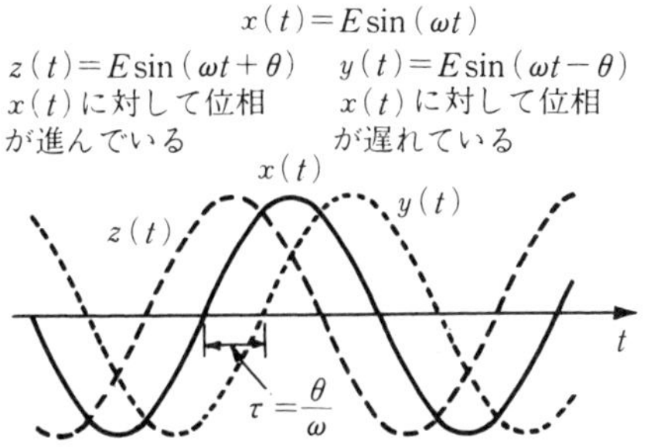

x(t)=E sin(ωt)
z(t)=E sin(ωt+θ)
x(t)に対して位相
が進んでいる
y(t)=E sin(ωt−θ)
x(t)に対して位相
が遅れている
x(t)
z(t)
y(t)
t
τ=θ/ω

図 7-2 位相の進みと遅れ

照）．なお，正弦波形の周期性から，θ の位相進みは，$2\pi-\theta$ の位相遅れと考えることもできる．

［**実効値**］

交流波形の振幅を表すために通常用いられる重要なパラメータに**実効値**がある．まず，抵抗 R [Ω] に正弦波電圧

$$e(t)=E\sin\omega t$$

を加えたときに消費される平均的な電力を求めてみよう．R を流れる電流は

$$i(t)=\frac{E}{R}\sin\omega t \qquad (7\text{-}3)$$

なので，抵抗で消費される電力は

$$p(t)=\frac{E^2}{R}\sin^2 t=\frac{E^2}{2R}(1-\cos 2\omega t)$$

この電力を1周期にわたって平均したものが**平均電力**であり，

$$P_{\mathrm{av}}=\frac{1}{T}\int_0^T p(t)dt=\frac{1}{T}\frac{E^2}{2R}\int_0^T(1-\cos 2\omega t)dt$$
$$=\frac{1}{T}\frac{E^2}{2R}\int_0^T dt=\frac{E^2}{2R} \qquad (7\text{-}4)$$

となる．

一方，抵抗 R に，P_{av} と同じ消費電力となるように直流電圧 $e(t)=E_{dc}$ をかけると

$$P_{\mathrm{av}}=\frac{E^2}{2R}=\frac{{E_{dc}}^2}{R} \qquad (7\text{-}5)$$

なので，

$$E_{dc} = \frac{E}{\sqrt{2}} \tag{7-6}$$

となる．この値を正弦波形 $e(t)$ の実効値と呼び，E_{eff} と書く．結局，正弦波形における振幅 E と実効値 E_{eff} との関係は

$$E_{\text{eff}} = E/\sqrt{2} \fallingdotseq 0.707E \tag{7-7}$$

である．正弦波状電流 $i(t)$ についても同様に，その振幅の $1/\sqrt{2}$ 倍が実効値である．例えば，私たちが家庭のコンセントから取り出して利用している交流100ボルトは実効値のことで，その正弦波形の振幅は $100 \times \sqrt{2} \fallingdotseq 141$ ボルトである．実効値はその定義からもわかるように交流における電力の計算に非常に便利である．

7-2 フェザー法

(1) フェザー

正弦波形

$$e(t) = E\sin(\omega t + \theta)$$

に関する計算に有効な方法として次に述べる**フェザー法**がある．図7-3(a)に示すように，半径を $E(>0)$ とする円周上を一定の角速度 ω [rad/s] で時間と共に反時計方向に回転するベクトルを考えよう．このベクトルは $t=0$ において，偏角が θ である A 点にあり，1秒間の回転角が ω [rad] であることから，1秒間の回転数は $\omega/2\pi$ である．この図において，回転するベクトルの縦軸の成分の大きさを時間の関数として描くと，図(b)から明らかとなるように，正弦波状の時間関数 $e(t)$ となる．

このように，正弦波形 $e(t) = E\sin(\omega t + \theta)$ は，$t=0$ に点 A にあり，角

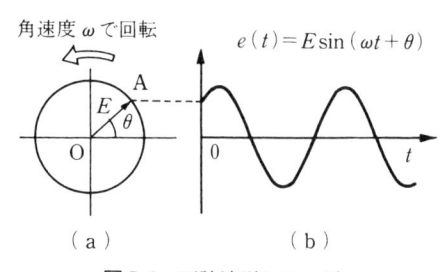

図7-3 正弦波形とフェザー

速度 ω [rad/s] で回転するベクトルの縦軸成分である．点 A のベクトル $\overrightarrow{\mathrm{OA}}$ として，大きさ∠偏角を

$$E \angle \theta \tag{7-8}$$

で表す．このベクトル $\overrightarrow{\mathrm{OA}}$ を正弦波 $e(t) = E\sin(\omega t + \theta)$ の**フェザー**という．このようにフェザーでは角周波数 ω の等角速度回転については前提されているものとして省略される．

フェザーを利用する方法により，正弦波形のベクトル表示が与えられる．すなわち，図 7-4 に示す重要な対応関係がある．

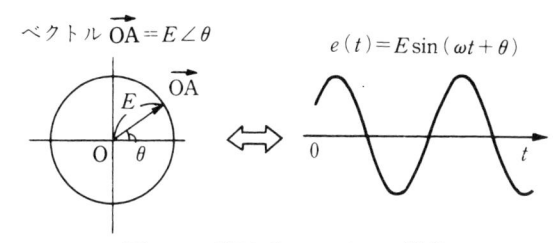

図 7-4 正弦波形とベクトルの対応

（2） 複素数によるフェザー表示

ベクトル $\overrightarrow{\mathrm{OA}} = E \angle \theta$ は複素数平面における複素数として数値で表現することができるので，それにより正弦波の演算に便利となる．

図 7-5 に示す複素数表示について考えよう．以下本書を通して複素数は $\boldsymbol{E}$, $\boldsymbol{V}$, $\boldsymbol{I}$ のように太字とし，スカラー量の E, V, I と区別して用いる．

通常，複素数 $\boldsymbol{E}$ には，直交座標表示として

$$\boldsymbol{E} = (実部) + j(虚部) \tag{7-9}$$

と表示する方法と，極座標表示により

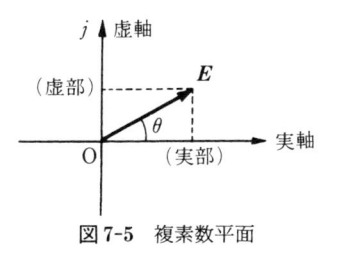

図 7-5 複素数平面

$$\boldsymbol{E} = |\boldsymbol{E}| \angle \mathrm{Arg}\boldsymbol{E}$$
$$= E \angle \theta \tag{7-10}$$

ここに,

$$\left.\begin{array}{l} E = |\boldsymbol{E}| = \sqrt{(実部)^2 + (虚部)^2} \\ \theta = \mathrm{Arg}\boldsymbol{E} = \tan^{-1}(虚部/実部) \end{array}\right\} \tag{7-11}$$

で表す方法がある.図7-5からわかるように,直交座標表示は

$$\boldsymbol{E} = E\cos\theta + jE\sin\theta \tag{7-12}$$

であり.実部,虚部のそれぞれを

$$\mathrm{Re}\{\boldsymbol{E}\} = E\cos\theta$$
$$\mathrm{Im}\{\boldsymbol{E}\} = E\sin\theta$$

と表す.複素指数関数についてのオイラーの公式

$$e^{j\theta} = \cos\theta + j\sin\theta \tag{7-13}$$

より,$\boldsymbol{E}$ の極座標表示 $E\angle\theta$ は

$$\boldsymbol{E} = Ee^{j\theta} \tag{7-14}$$

となる.以上より,ベクトル $\overrightarrow{\mathrm{OA}}$ の複素数表示として

$$E\angle\theta, \quad Ee^{j\theta}, \quad E(\cos\theta + j\sin\theta)$$

のいずれも用いることができる.

(3) フェザー表示から正弦波形への変換

複素数であるフェザー表示が与えられたとき,それから正弦波形を求めるルールについて述べる.

オイラーの公式

$$e^{j\omega t} = \cos\omega t + j\sin\omega t \tag{7-15}$$

を用いると,関係式

$$\begin{aligned} e(t) = E\sin(\omega t + \theta) &= \mathrm{Im}\{Ee^{j(\omega t + \theta)}\} \\ &= \mathrm{Im}\{Ee^{j\theta}e^{j\omega t}\} \\ &= \mathrm{Im}\{\boldsymbol{E}e^{j\omega t}\} \end{aligned} \tag{7-16}$$

が成立する.

すなわち,複素数 $\boldsymbol{E}$ から時間波形 $e(t)$ へは,二段階の手順

① $\boldsymbol{E}$ に $e^{j\omega t}$ をかける
② その虚数部分（Im{ }）を取り出す

で与えられる．

以上で明らかになった正弦波形と複素数表示の対応関係をまとめると次のとおりである．

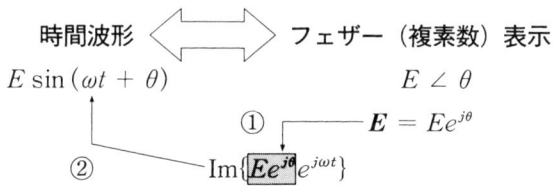

時間波形 ⟺ フェザー（複素数）表示

$E\sin(\omega t + \theta)$ $\qquad\qquad E \angle \theta$

$\qquad\qquad$ ① $\qquad \boldsymbol{E} = Ee^{j\theta}$
② $\quad$ Im$\{\boxed{\boldsymbol{E}e^{j\theta}}e^{j\omega t}\}$

[例題 7-1]（a）次の正弦波形のフェザー（複素数）を極座標と直交座標表示として与えなさい．

$$e_1(t) = A\sin(\omega t - \pi/4)$$
$$e_2(t) = A\cos\omega t$$

（b）次の複素数表示で与えられるフェザーをもつ角周波数 ω の正弦波形を与えなさい．

$$\boldsymbol{E}_1 = E + j\sqrt{3}E$$
$$\boldsymbol{E}_2 = -1 - j$$

[解]（a）$e_1(t)$ のフェザーは式(7-14)より直接次のように与えられる．

$$\left.\begin{aligned}\boldsymbol{E}_1 &= Ae^{-j\frac{\pi}{4}}, \quad A \angle -\frac{\pi}{4} \quad \text{（極座標表示）}\\ &= A\cos\frac{\pi}{4} - jA\sin\frac{\pi}{4} = \frac{A}{\sqrt{2}} - j\frac{A}{\sqrt{2}} \quad \text{（直交座標表示）}\end{aligned}\right\} \quad (7\text{-}17)$$

$e_2(t) = A\sin(\omega t + \pi/2)$ なので，式(7-14)より

$$\left.\begin{aligned}\boldsymbol{E}_2 &= Ae^{j\frac{\pi}{2}}, \quad A \angle \frac{\pi}{2} \quad \text{（極座標表示）}\\ &= A\cos\frac{\pi}{2} + jA\sin\frac{\pi}{2} = jA \quad \text{（直交座標表示）}\end{aligned}\right\} \quad (7\text{-}18)$$

（b）$\boldsymbol{E}_1$ の極座標表示を求めると，

$$\begin{aligned}\boldsymbol{E}_1 &= E\sqrt{1+3} \angle \frac{\pi}{3} = 2E \angle \frac{\pi}{3}\\ &= 2Ee^{j\frac{\pi}{3}}\end{aligned} \qquad (7\text{-}19)$$

なので，
$$e_1(t) = \text{Im}\{2Ee^{j\frac{\pi}{3}} \cdot e^{j\omega t}\}$$
$$= 2E\sin\left(\omega t + \frac{\pi}{3}\right) \quad (7\text{-}20)$$

$\boldsymbol{E}_2$ の極座標表示を求めると，
$$\boldsymbol{E}_2 = -1 - j = \sqrt{2} \angle -\frac{3}{4}\pi$$
$$= \sqrt{2}e^{-j\frac{3}{4}\pi} \quad (7\text{-}21)$$

なので，
$$e_2(t) = \sqrt{2}\sin\left(\omega t - \frac{3}{4}\pi\right) \quad (7\text{-}22)$$

7-3 正弦波形に対する演算

（1） 同じ周波数である正弦波の和

　周波数が等しい二つの正弦波形の和（差）は同じ周波数の一つの正弦波形によって表すことができる．それをフェザー（複素数）表示により行う方法について考えよう．

　具体例として
$$\begin{aligned} e_1(t) &= E_1 \sin \omega t & (\text{a}) \\ e_2(t) &= E_2 \sin(\omega t + \phi) & (\text{b}) \end{aligned} \right\} \quad (7\text{-}23)$$

の和 $e_1(t) + e_2(t)$ を
$$e(t) = E\sin(\omega t + \theta) \quad (7\text{-}24)$$

とし，E, θ を $\{E_1, E_2, \phi\}$ によって与える．まず，$e_1(t)$, $e_2(t)$ それぞれのフェザー表示による複素数は
$$\boldsymbol{E}_1 = E_1 \angle 0 = E_1$$
$$\boldsymbol{E}_2 = E_2 \angle \phi = E_2 e^{j\phi}$$

　先のルールに従って，
$$e_1(t) = \text{Im}\{\boldsymbol{E}_1 e^{j\omega t}\} \quad (7\text{-}25)$$
$$e_2(t) = \text{Im}\{\boldsymbol{E}_2 e^{j\omega t}\} \quad (7\text{-}26)$$

なので，

$$e(t) = e_1(t) + e_2(t) = \mathrm{Im}\{\boldsymbol{E}_1 e^{j\omega t}\} + \mathrm{Im}\{\boldsymbol{E}_2 e^{j\omega t}\}$$
$$= \mathrm{Im}\{(\boldsymbol{E}_1 + \boldsymbol{E}_2)e^{j\omega t}\} \qquad (7\text{-}27)$$

したがって，$e(t)$ の複素数表示 $\boldsymbol{E}$ は

$$\boldsymbol{E} = \boldsymbol{E}_1 + \boldsymbol{E}_2 = E_1 + E_2 e^{j\phi}$$
$$= E_1 + E_2(\cos\phi + j\sin\phi)$$
$$= (E_1 + E_2\cos\phi) + jE_2\sin\phi \qquad (7\text{-}28)$$

以下，例として，$E_1 = E_2 = A$，$\phi = \pi/3$ の場合を考え，$\boldsymbol{E}$ の極座標表示を求めると，

$$\boldsymbol{E} = \left(1 + \frac{1}{2}\right)A + j\frac{\sqrt{3}}{2}A$$
$$= \frac{\sqrt{3}}{2}(\sqrt{3} + j)A = \frac{\sqrt{3}A}{2}\sqrt{(\sqrt{3})^2 + 1} \angle \tan^{-1}\frac{1}{\sqrt{3}} = \sqrt{3}A \angle \frac{\pi}{6}$$
$$(7\text{-}29)$$

これより，

$$e(t) = \mathrm{Im}\{\sqrt{3}A e^{j\frac{\pi}{6}} \cdot e^{j\omega t}\}$$
$$= \sqrt{3}A\sin\left(\omega t + \frac{\pi}{6}\right) \qquad (7\text{-}30)$$

複素数の和，$\boldsymbol{E} = \boldsymbol{E}_1 + \boldsymbol{E}_2$ 部分の図式的な表示と計算法は図 7-6 に示すとおりである．

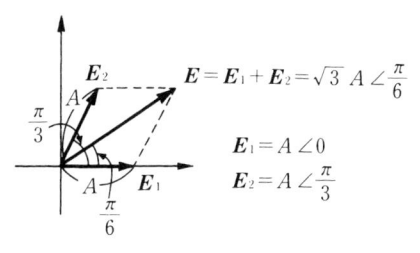

図 7-6 和 $\boldsymbol{E}_1 + \boldsymbol{E}_2$

この図において，フェザー $\boldsymbol{E}_1$ と $\boldsymbol{E}_2$ が原点の周りを同じ角速度 ω で反時計方向に回転すると，それにつれて和 $\boldsymbol{E} = \boldsymbol{E}_1 + \boldsymbol{E}_2$ も同一角速度 ω で回転するため，$e_1(t) + e_2(t)$ も同じ角周波数をもつ波形となることが理解できる．また，すでに図 7-3 に示したように，このような三つのフェザー $\boldsymbol{E}_1$，$\boldsymbol{E}_2$，$\boldsymbol{E}$ の回転によって縦軸成分の大きさを時間軸上に与えたものがそれぞれの時間関数

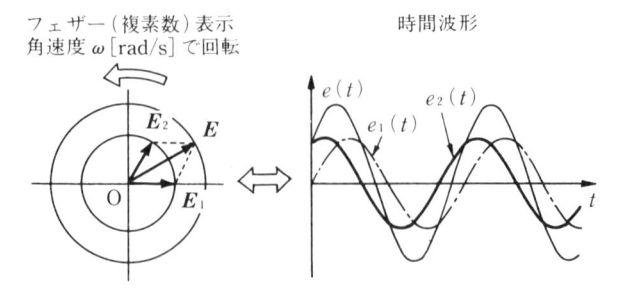

図7-7 正弦波の和とフェザーの和

$e_1(t)$, $e_2(t)$, $e(t)$ となる．このことを示したものが図7-7である．

以上のプロセスはこの後の部分でも重要な手法であるので，一般的な形に図式化してまとめておく．

$$e_1(t) = E_1 \sin(\omega t + \theta_1)$$
$$e_2(t) = E_2 \sin(\omega t + \theta_2)$$

$$\boldsymbol{E_1} = E_1 \angle \theta_1$$
$$\boldsymbol{E_2} = E_2 \angle \theta_2$$

$$e(t) = e_1(t) + e_2(t)$$
$$= E \sin(\omega t + \theta)$$

$$\boldsymbol{E} = \boldsymbol{E_1} + \boldsymbol{E_2}$$
（複素数の和）
$$= E \angle \theta$$
（極座標表示）

正弦波信号の和

［例題7-2］ 二つの正弦波形

$$e_1(t) = 10 \sin(\omega t - 5\pi/6) \tag{7-31}$$

$$e_2(t) = 5 \cos \omega t \tag{7-32}$$

の和，$e_1(t) + e_2(t)$ を複素数表示を用いて求めなさい．

［解］ $e_1(t)$, $e_2(t)$ の複素数表示 $\boldsymbol{E_1}$, $\boldsymbol{E_2}$ を求めると，それぞれ

$$\boldsymbol{E_1} = 10 \angle -\frac{5}{6}\pi \tag{7-33}$$

$$\boldsymbol{E_2} = 5 \angle \frac{\pi}{2} \quad \text{（例題7-1（a）の結果より）} \tag{7-34}$$

これを複素数平面に図示すると，図7-8（a）のとおりである．これから，

$$\boldsymbol{E} = \boldsymbol{E_1} + \boldsymbol{E_2} = -5\sqrt{3} \tag{7-35}$$

よって，

$$e(t) = \text{Im}\{-5\sqrt{3} \cdot e^{j\omega t}\} = -5\sqrt{3} \sin \omega t \tag{7-36}$$

この結果を図7-8（b）に示す．

7-3 正弦波形に対する演算　**103**

(a) フェザー(複素数)表示　　(b) 時間波形

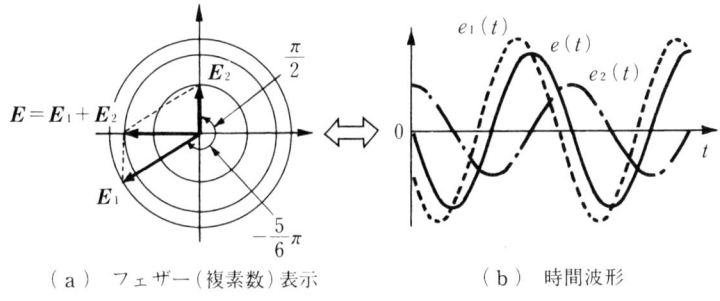

図 7-8

(2) 正弦波形の微分と積分

正弦波形
$$e(t) = E \sin(\omega t + \theta) \qquad (7\text{-}37)$$
の時間に関する導関数は三角関数の性質から
$$\frac{de(t)}{dt} = \omega E \cos(\omega t + \theta) = \omega E \sin(\omega t + \pi/2 + \theta) \qquad (7\text{-}38)$$
である．このことをフェザー表示に対応させると次のとおりである．

$$e(t) = E \sin(\omega t + \theta) \quad \Longleftrightarrow \quad \boldsymbol{E} = E \angle \theta$$
$$\frac{de(t)}{dt} = \omega E \sin\left(\omega t + \frac{\pi}{2} + \theta\right) \qquad \boldsymbol{E}' = \omega E \angle \theta + \frac{\pi}{2}$$
$$= \omega E e^{j\frac{\pi}{2}} \cdot e^{j\theta} = j\omega \boldsymbol{E}$$

正弦波形の微分

一方，$e(t)$ の積分波形として定数項をもたない波形に限ると
$$g(t) = \int e(t) dt = \frac{E}{\omega} \sin(\omega t - \pi/2 + \theta) \qquad (7\text{-}39)$$
となり，微分と同様な対応関係が次のように与えられる．

$$e(t) = E \sin(\omega t + \theta) \quad \Longleftrightarrow \quad \boldsymbol{E} = E \angle \theta$$
$$g(t) = \int e(t) dt = \frac{E}{\omega} \sin\left(\omega t - \frac{\pi}{2} + \theta\right) \qquad \boldsymbol{G} = \frac{E}{\omega} \angle \theta - \frac{\pi}{2}$$
$$= \frac{E}{\omega} e^{-j\frac{\pi}{2}} \cdot e^{j\theta} = \frac{\boldsymbol{E}}{j\omega}$$

正弦波形の積分

すなわち，これらをまとめると正弦波形 $e(t)$ について一般に次の対応関係が成り立つ．

$$e(t) \Longleftrightarrow \mathbf{E}$$
$$\frac{de(t)}{dt} \Longleftrightarrow j\omega \mathbf{E}$$
$$\int e(t)dt \Longleftrightarrow \frac{\mathbf{E}}{j\omega}$$

このように，フェザー表示では時間波形の微分は $j\omega$ をかけることに，積分は $j\omega$ で割ることに対応する．微分，積分という解析的に逆演算であるものが，フェザー表示では，乗算と除算という互いに代数的な逆演算に対応していることに注意してほしい．なお，これらの関係の複素数平面における説明を図 7-9 に与える．

（a）フェザー（複素数）表示　　　（b）時間波形

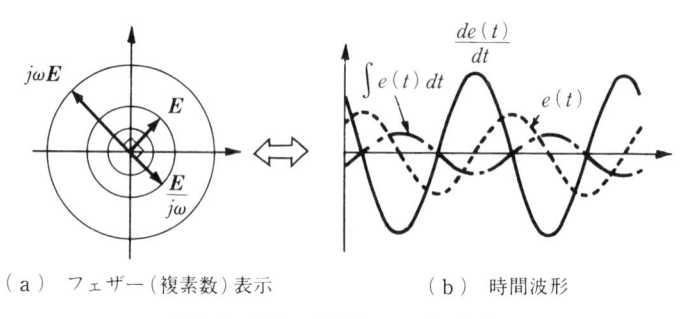

図 7-9　微分，積分とフェザー表現

[例題 7-3]　$e(t) = E \sin(\omega t + \theta)$ のとき，フェザー法を用いて，

$$y(t) = C\frac{de(t)}{dt} + \frac{1}{R}e(t) \tag{7-40}$$

を，$A \sin(\omega + \phi)$ として表しなさい．なお，$\omega CR = 1$ とする．

[解]　次の複素数表示の対応関係が成立する．

$$e(t) \Longleftrightarrow \mathbf{E} = Ee^{j\theta}$$
$$C\frac{de(t)}{dt} \Longleftrightarrow j\omega C\mathbf{E}$$
$$\frac{e(t)}{R} \Longleftrightarrow \mathbf{E}/R$$

したがって，$y(t)$ の複素表示 Y は

$$Y = \left(j\omega C + \frac{1}{R}\right)E = (1+j)\frac{E}{R}$$
$$= \sqrt{2}e^{j\frac{\pi}{4}} \cdot E \cdot e^{j\theta}/R$$
$$= \sqrt{2}Ee^{j\left(\theta + \frac{\pi}{4}\right)}/R \qquad (7\text{-}41)$$

よって，
$$y(t) = \sqrt{2}(E/R)\sin(\omega t + \theta + \pi/4) \qquad (7\text{-}42)$$

第7章のまとめ

- 正弦波交流電源による定常状態での応答解析は電気回路に限らず重要である．
- 正弦波形は振幅，位相，周波数の三つのパラメータを持っている．また，振幅の代わりに実効値が電力の計算に便利でよく用いられる．
- 周波数を既知とするとき，正弦波形はその振幅，位相を示す複素数に 1 対 1 対応できる．これを用いて正弦波形の解析を行う方法がフェザー法である．
- フェザー法により，正弦波形の和，微分，積分を含む計算を複素数による代数計算で行うことが可能となる．
- 正弦波形の微分（積分）はその正弦波のフェザー表示に，$j\omega\,(1/j\omega)$ をかけることに対応する．

演習問題

1. 次の三つの正弦波形の概略をまとめて示しなさい．
   (1) $\sin\left(10\pi t - \dfrac{2\pi}{3}\right)$ 　　(2) $1 + 2\sin 20\pi t$
   (3) $\sin^2 10\pi t$

2. 実効値が 100 V である 50 Hz の正弦波の時間微分波形の実効値はいくらになるか求めなさい．

3. 次の正弦波形のフェザーの複素数表示を直交座標表示，極座標表示により与えなさい．
   (1) $A\sin\left(\omega t + \dfrac{\pi}{6}\right)$ 　　(2) $A\cos\left(\omega t - \dfrac{\pi}{4}\right)$

（3） $A\sin\{\omega(t-t_0)\}$

4．角周波数 ω で次のようにフェザーの複素表示が与えられたとき，その正弦波形を与えなさい．

（1） $10\angle\dfrac{\pi}{3}$ （2） $2e^{j\frac{\pi}{3}}$

（3） $\dfrac{1}{2}-j\dfrac{\sqrt{3}}{2}$ （4） $10e^{j\pi}$

5．フェザー法を利用して次の波形を $A\sin(\omega t+\theta)$ の形式で表しなさい．

（1） $A\sin\left(\omega t-\dfrac{\pi}{4}\right)+A\sin\left(\omega t-\dfrac{3}{4}\pi\right)$

（2） $\sin\left(\omega t-\dfrac{\pi}{3}\right)+\sqrt{3}\sin\left(\omega t-\dfrac{5}{6}\pi\right)$

6．$x(t)=2\sin\omega t$ のとき，次の信号を $A\sin(\omega t+\theta)$ の形式で与えなさい．

（1） $\dfrac{d^2x(t)}{dt^2}$

（2） $\displaystyle\int x(t)dt+x(t)$

（ただし，積分に際し，定数項はないものと考える）

第8章

正弦波定常解析

正弦波交流電源によって駆動された回路の解析法について述べる．7章で説明した正弦波形のフェザー表示を利用することで正弦波定常解析（これをフェザー法とも呼ぶ）は複素数を用いた代数計算によって行うことができる．回路のインピーダンスやアドミタンスを導入することで抵抗回路と同様に解析できることが示される．最後に電源周波数の違いによる回路応答について説明する．

8-1 基本的考え方

電気回路を正弦波電源によって駆動し，定常状態になったときの回路各部の電圧，電流を求めることを**正弦波定常解析**あるいは交流解析という．すでに，6-1節において直流電源のときの定常解析について述べたが，正弦波定常解析は7章のフェザー法による複素数表示を利用して行う．

この章で述べる正弦波定常解析が利用できる回路は以下の条件を満たすものである．

① 回路素子の値が時間によって変わらない（時不変性）
② 回路素子が線形である
③ 回路内部に角周波数 ω 以外の電源を含まない（角周波数の異なる複数の電源が含まれるときについては次章の9-3節を参照）

このとき次の重要な性質が成立する．

[性質] ①〜③の性質をもつ回路に角周波数 ω の正弦波電源入力を加え，

定常状態となったとき，回路内部のいかなる電圧，電流も電源と同じ角周波数 ω をもつ正弦波形となる．すなわち，回路各部の応答を知るには，その正弦波形の振幅と位相を求めればよい．

まず，このような性質が成立することの直観的な説明をしておこう．回路素子として，抵抗（R），インダクタ（L），キャパシタ（C）を考えると，それらの枝電圧，枝電流間に成立する関係は，比例，微分，積分である（表5-1を参照）．したがって，これらの枝において電圧，電流のいずれかが，角周波数 ω の正弦波形のとき，他方も同じ角周波数の正弦波形となる．このことはすでに，7章で示した．また，回路内の枝あるいは節点の電圧，電流間の基本的関係は KCL, KVL であり，これらは互いに同一角周波数の和，差で与えられる関係式であるので，求められる変数も同じ角周波数の正弦波形である．

そこで，正弦波定常解析では電圧，電流をその振幅と位相が未知数である正弦波形と仮定して解析を行う．

以下の具体例によって，フェザー表示による簡単な代数計算法について説明し，正弦波定常解析の基本的考え方を示す．

（1） RL 直列回路の正弦波定常解析

図8-1に示すように，RL 回路に正弦波交流電圧源を加え，定常状態になったときの電流 $i(t)$ を求める．

回路における KVL より，

$$L\frac{di(t)}{dt} + Ri(t) = V \sin \omega t \tag{8-1}$$

が成り立つ．ここで，

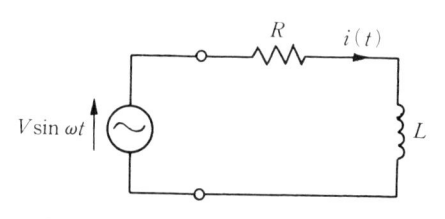

図8-1 RL 直列回路への正弦波電源

$$i(t) = I\sin(\omega t + \phi) \qquad (8\text{-}2)$$

とし，I，ϕ を求めることが課題である．

式(8-2)より，
$$\frac{di(t)}{dt} = \omega I \sin\left(\omega t + \phi + \frac{\pi}{2}\right) \qquad (8\text{-}3)$$

なので，関係式(8-1)の左辺
$$\omega L I \sin\left(\omega t + \phi + \frac{\pi}{2}\right) + RI \sin(\omega t + \phi) \qquad (8\text{-}4)$$

を 7-3 節(1)で述べた手法により，単一の正弦波形で表すことにより，式(8-1)両辺の振幅，位相どうしの等式が与えられる．7-3 節での正弦波形とその複素数表示に従った手順を用いると，以下の対応表のようになる．

$i(t) = I\sin(\omega t + \phi)$	$\boldsymbol{I} = I \angle \phi$
$L\dfrac{di(t)}{dt}$	$j\omega L \boldsymbol{I} = \omega L I \angle \dfrac{\pi}{2} + \phi$
$L\dfrac{di(t)}{dt} + Ri(t)$	$j\omega L \boldsymbol{I} + R\boldsymbol{I}$
	$= (R + j\omega L)\boldsymbol{I}$
$\Longleftrightarrow$	$= \sqrt{R^2 + (\omega L)^2}\,e^{j\theta}\boldsymbol{I} = \sqrt{R^2 + (\omega L)^2}\,I e^{j(\theta+\phi)}$
	$\left(\theta = \tan^{-1}\dfrac{\omega L}{R}\right)$
$V \sin \omega t$	$\boldsymbol{V} = V \angle 0$

以上より，式(8-1)の複素数としての関係式
$$(j\omega L + R)\boldsymbol{I} = \boldsymbol{V} \qquad (8\text{-}5)$$

すなわち，
$$\sqrt{R^2 + (\omega L)^2}\,I e^{j(\theta+\phi)} = V e^{j0} \qquad (8\text{-}6)$$

から，未知数 I，ϕ は
$$I = V/\sqrt{R^2 + (\omega L)^2} \qquad (8\text{-}7)$$
$$\phi = -\theta = -\tan^{-1}\frac{\omega L}{R} \qquad (8\text{-}8)$$

なので，定常状態において回路を流れる電流 $i(t)$ は
$$i(t) = \frac{V}{\sqrt{R^2 + (\omega L)^2}} \sin(\omega t - \theta) \qquad (8\text{-}9)$$

図8-2 $v(t)$ と $i(t)$

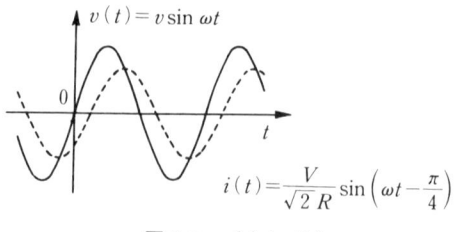

となる．$v(t)$ と $R = \omega L$ のときの電流 $i(t)$ を図8-2に示す．

以上のようにフェザー表示を用いた複素数計算によって解に到達する手法が正弦波定常解析である．

8-2 基本素子におけるフェザー関係式

ここで，基本素子である，抵抗 (R)，インダクタ (L)，キャパシタ (C) の正弦波定常状態における枝電圧，枝電流の関係を整理し，それぞれ図8-3～8-5に示す．これらの図に示すように，正弦波定常解析では，時間関数である $i(t)$，$v(t)$ の関係として考えるのではなく，複素数 I，V を利用した関係式を用いる．

[抵抗：R]

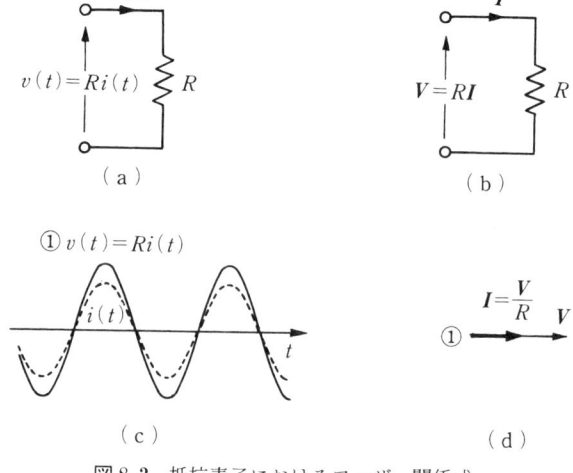

図8-3 抵抗素子におけるフェザー関係式

$$i(t) = I \sin \omega t \\ v(t) = Ri(t) = RI \sin \omega t \qquad\qquad (8\text{-}10)$$

[インダクタ：L]

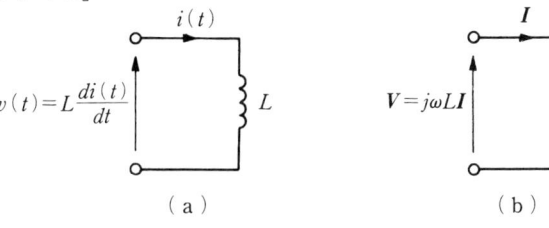

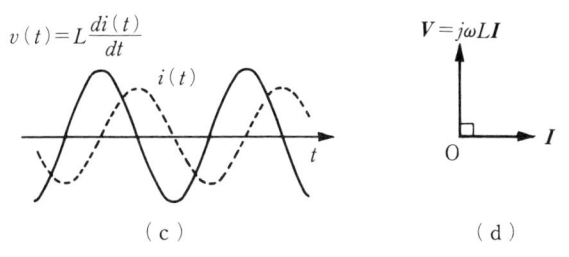

(a) $v(t) = L\dfrac{di(t)}{dt}$

(b) $V = j\omega L I$

(c) $v(t) = L\dfrac{di(t)}{dt}$, $i(t)$

(d) $V = j\omega L I$

$v(t)$ は $i(t)$ より $\pi/2$ ($=90°$) だけ進んでいる．

図 8-4 インダクタにおけるフェザー関係式

$$i(t) = I \sin \omega t \\ v(t) = L\frac{di(t)}{dt} = \omega L \cos \omega t = \omega L \sin(\omega t + \pi/2) \qquad (8\text{-}11)$$

[キャパシタ：C]

$$i(t) = I \sin \omega t \\ v(t) = \frac{1}{C}\int i(t)dt = \frac{-I}{\omega C}\cos \omega t = \frac{I}{\omega C}\sin(\omega t - \pi/2)$$
$$(8\text{-}12)$$

(a) $v(t) = \dfrac{1}{C}\int i(t)\,dt$

(b) $V = \dfrac{1}{j\omega C} I$

図 8-5 キャパシタにおけるフェザー関係式

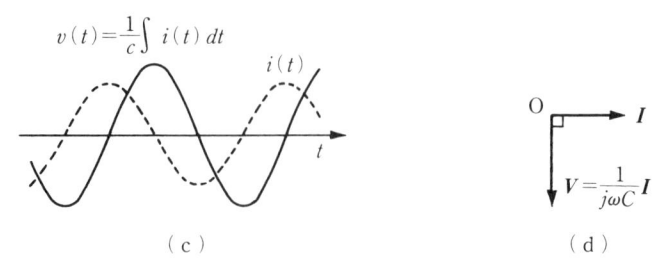

$$v(t) = \frac{1}{C}\int i(t)\,dt$$

(c)

(d)

$v(t)$ は $i(t)$ より $\pi/2\,(=90°)$ だけ遅れている.

図 8-5　キャパシタにおけるフェザー関係式（続き）

以上の各素子における複素数電圧 V，複素数電流 I の比

$$\frac{V}{I}$$

はそれぞれ，

(ⅰ)　抵抗　　　：R
(ⅱ)　インダクタ：$j\omega L$
(ⅲ)　キャパシタ：$1/j\omega C = -j(1/\omega C)$

となる．これらを各素子のインピーダンスと呼ぶ．これは直流電源回路における電圧，電流比である抵抗の概念を正弦波定常解析のフェザー表示された電圧と電流の比に拡張したものである．また，インピーダンスの逆数 I/V はアドミタンスと呼ばれる．

8-3　回路のインピーダンスとアドミタンス

（1）インピーダンス，アドミタンスの導入

R，L，C の素子が接続された回路に対して，インピーダンス，アドミタンスを定義できる．すなわち，図 8-6 のように，正弦波定常状態にある回路端子

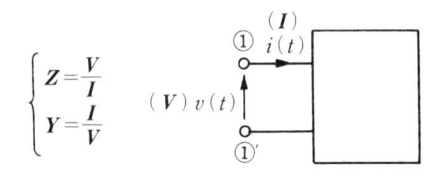

$$\begin{cases} Z = \dfrac{V}{I} \\ Y = \dfrac{I}{V} \end{cases}$$

図 8-6　回路のインピーダンス，アドミタンス

①-①′において，電圧 $v(t)$，電流 $i(t)$ の複素数表示をそれぞれ，$\boldsymbol{V}$，$\boldsymbol{I}$ とおくと，①-①′端子の回路素子のインピーダンス，アドミタンスは次のように定義される．

インピーダンス： $$\boldsymbol{Z} = \frac{\boldsymbol{V}}{\boldsymbol{I}} \tag{8-13}$$

アドミタンス： $$\boldsymbol{Y} = \frac{\boldsymbol{I}}{\boldsymbol{V}} \tag{8-14}$$

いま，電流，電圧の極座標表示をそれぞれ，

$$\left.\begin{array}{l}\boldsymbol{V} = V \angle \theta_V \\ \boldsymbol{I} = I \angle \theta_I\end{array}\right\} \tag{8-15}$$

とおくと，インピーダンスの極座標表示は次のように表される．

$$\boldsymbol{Z} = \frac{\boldsymbol{V}}{\boldsymbol{I}} = \frac{V}{I} \angle \theta_V - \theta_I \tag{8-16}$$

一方，$\boldsymbol{Z}$ も複素数なので，その極座標表示を

$$\boldsymbol{Z} = Z \angle \phi \tag{8-17}$$

とおく．ここに，$Z = |\boldsymbol{Z}|$，$\phi = \mathrm{Arg}\,\boldsymbol{Z}$

式(8-16)，(8-17)より

$$Z = \frac{V}{I} \tag{8-18}$$

$$\phi = \theta_V - \theta_I \tag{8-19}$$

が成立する．このように，インピーダンス $\boldsymbol{Z}$ の大きさ Z は電流の振幅 I と電圧の振幅 V の比，インピーダンス $\boldsymbol{Z}$ の偏角（位相）ϕ は電圧と電流の偏角（位相）差である．

これと同様の関係が，アドミタンスに対しても成り立つ．それをまとめると以下のとおりである．

$\boldsymbol{Y}$ の極座標表示を

$$\boldsymbol{Y} = Y \angle \mu \tag{8-20}$$

とおくと，$\boldsymbol{I} = \boldsymbol{Y}\boldsymbol{V}$ より，

$$\begin{aligned}I \angle \theta_I &= Y \angle \mu \cdot V \angle \theta_V \\ &= YV \angle \mu + \theta_V\end{aligned} \tag{8-21}$$

なので，

$$Y = \frac{I}{V} \tag{8-22}$$

$$\mu = \theta_I - \theta_V \tag{8-23}$$

が成立する．式(8-16)に対応する関係として

$$\boldsymbol{Y} = \frac{\boldsymbol{I}}{\boldsymbol{V}} = \frac{I}{V} \angle \theta_I - \theta_V \tag{8-24}$$

が成り立つ．

(2) インピーダンス，アドミタンスを用いた解析

ここで，図8-1のRL回路においてインピーダンス，アドミタンスを用いた解析を行ってみよう．この回路の変数を複素数によって表示すると，図8-7のとおりである．

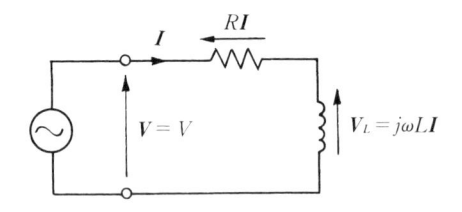

図8-7 RL回路でのフェザー表示

回路のループにそってのKVLをフェザー表示によって与えると，

$$\boldsymbol{V} - R\boldsymbol{I} - \boldsymbol{V}_L = 0 \tag{8-25}$$

であり，$\boldsymbol{V}_L = j\omega L\boldsymbol{I}$ なので，

$$(R + j\omega L)\boldsymbol{I} = \boldsymbol{V} \tag{8-26}$$

よって，フェザー表示による電流 $\boldsymbol{I}$ の解は

$$\boldsymbol{I} = \frac{1}{R + j\omega L}\boldsymbol{V} = \frac{V}{\sqrt{R^2 + (\omega L)^2} \angle \theta}$$

$$= \frac{V}{\sqrt{R^2 + (\omega L)^2}} \angle -\theta \tag{8-27}$$

ここに，

$$\theta = \tan^{-1}(\omega L/R) \tag{8-28}$$

一方，インダクタの枝電圧のフェザー表示は

$$V_L = j\omega L I = \frac{\omega L V}{\sqrt{R^2 + (\omega L)^2}} \angle \frac{\pi}{2} - \theta \qquad (8\text{-}29)$$

となる．以上のように求められた，RL 回路の電圧 V，電流 I の複素数平面での表示を図 8-8 に示す．

$$V_L = j\omega L I = \omega L I \angle \frac{\pi}{2} - \theta$$

$$V = V \angle 0$$

$$I = \frac{1}{R + j\omega L} V = \frac{V}{\sqrt{R^2 + (\omega L)^2}} \angle -\tan^{-1} \frac{\omega L}{R}$$

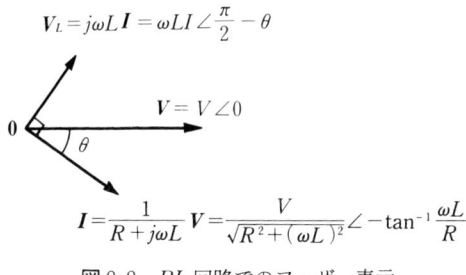

図 8-8　RL 回路でのフェザー表示

RL 直列回路のインピーダンスは，比 V/I より，

$$Z = R + j\omega L \qquad (8\text{-}30)$$

である．図 8-8 を用いて，図 7-3 のルールで電圧，電流の正弦波形を描くと，図 8-9 に示したようになる．ここで，$v(t)$ を基準にすると，$i(t)$ は θ だけ位相が遅れており，$v_L(t)$ は $(\pi/2) - \theta$ だけ進んでいる．このように，RL 直列回路では回路にかかる電圧に対して電流が遅れることがわかる．

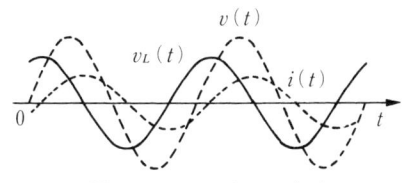

図 8-9　RL 回路での波形

これまでの結果から明らかなように，フェザー表示による回路解析は電圧，電流が複素量となっている点は異なるものの，抵抗回路のときと同様に 3 章で述べた節点解析，ループ解析などを行うことで求めるべき電圧や電流が与えられる．

[**例題 8-1**]　図 8-1 の RL 回路のアドミタンス Y を直交座標表示，極座標表示の二つの表現で与えなさい．

[解] $Y = Z^{-1}$ なので,式(8-30)より,

$$Y = \frac{1}{R + j\omega L} = \frac{R - j\omega L}{(R + j\omega L)(R - j\omega L)}$$

$$= \frac{R}{R^2 + (\omega L)^2} - j\frac{\omega L}{R^2 + (\omega L)^2} \quad (直交座標表示) \quad (8\text{-}31)$$

あるいは

$$Z = R + j\omega L = \sqrt{R^2 + (\omega L)^2} \angle \tan^{-1}(\omega L/R) \quad (8\text{-}32)$$

より,

$$Y = Z^{-1} = \frac{1}{\sqrt{R^2 + (\omega L)^2}} \angle -\tan^{-1}(\omega L/R) \quad (極座標表示) \quad (8\text{-}33)$$

(3) 直列接続と並列接続

回路素子の直列接続,並列接続による合成と各素子のインピーダンス,アドミタンスとの関係も抵抗回路と同じである.図 8-10(a)に示すように,二つのインピーダンス Z_1, Z_2 の直列接続素子のインピーダンス Z は

$$Z = Z_1 + Z_2 \quad (8\text{-}34)$$

となる.図(b)の並列接続では全体のインピーダンス Z は

$$\frac{1}{Z} = \frac{1}{Z_1} + \frac{1}{Z_2} \quad (8\text{-}35)$$

となる.すなわち,アドミタンス $Y = 1/Z$, $Y_1 = 1/Z_1$, $Y_2 = 1/Z_2$ において,

$$Y = Y_1 + Y_2 \quad (8\text{-}36)$$

である.

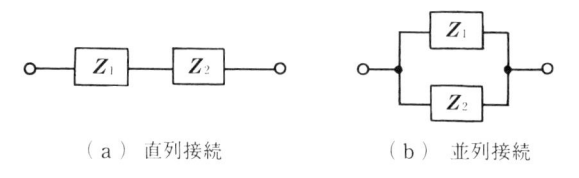

(a) 直列接続　　　(b) 並列接続

図 8-10 直列接続と並列接続

[例題 8-2] 図 8-11 に示す回路のインピーダンスを求めなさい.角周波数は ω とする.

図 8-11

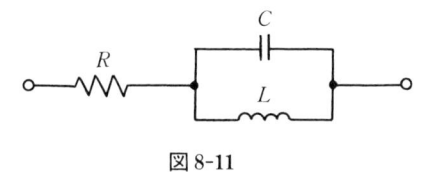

[解] 各素子のインピーダンスは図 8-12 に示すように書ける．したがって，全体のインピーダンスは抵抗回路と同様に

$$R + \frac{1}{\frac{1}{j\omega L} + j\omega C} = R + \frac{j\omega L}{1 - \omega^2 LC}$$

$$= \frac{R(1 - \omega^2 LC) + j\omega L}{1 - \omega^2 LC} \quad (8\text{-}37)$$

図 8-12　回路素子のインピーダンス表示

8-4　RC 直列回路の正弦波定常解析

図 8-13 に示す RC 直列回路に正弦波電圧源 $v(t) = V \sin \omega t$ を接続したときの定常状態での応答を求める．なお，図中の変数はフェザー表示である．

回路の KVL によるフェザー関係式は

$$V_c + R \cdot j\omega C V_c = V \quad (8\text{-}38)$$

なので，

$$(1 + j\omega CR)V_c = V$$

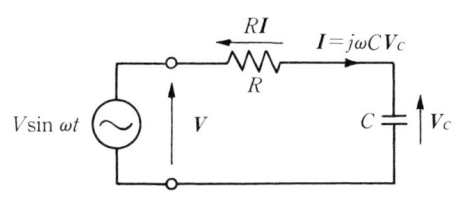

図 8-13　RC 回路とフェザー表示

よって，
$$V_c = \frac{1}{1+j\omega CR}V = \frac{V}{1+j\omega CR}$$
$$= \frac{V}{\sqrt{1+(\omega CR)^2}\angle\theta} = \frac{V}{\sqrt{1+(\omega CR)^2}}\angle-\theta \quad (8\text{-}39)$$

ここに，
$$\theta = \tan^{-1}\omega CR \quad (8\text{-}40)$$

一方，電流は
$$I = j\omega C V_c = \frac{\omega CV}{\sqrt{1+(\omega CR)^2}}\angle\frac{\pi}{2}-\theta \quad (8\text{-}41)$$

式($8\text{-}38$)，($8\text{-}41$)より
$$V = (1+j\omega CR)V_c = \frac{1+j\omega CR}{j\omega C}I \quad (8\text{-}42)$$

なので，回路のインピーダンス Z は
$$Z = \frac{V}{I} = \frac{1+j\omega CR}{j\omega C} = R - j\frac{1}{\omega C} \quad (8\text{-}43)$$

これらの関係を図 8-14 の複素数平面上に示す．

また，この図に基づいて，電流，電圧の時間関数を描くと，図 8-15 のとおりである．このように，$v(t)$ を基準とすると $i(t)$ は $v(t)$ より $(\pi/2-\theta)$ だけ位相が進んでいる．

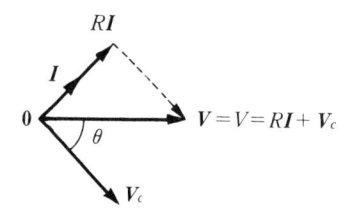

図 8-14　RC 回路での電圧，電流のフェザー表示

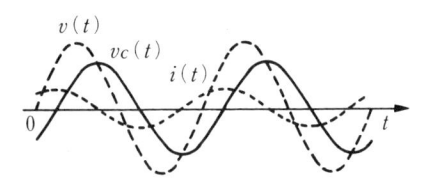

図 8-15　図 8-14 に対応する時間波形

8-5　インピーダンス，アドミタンスの周波数特性

すでにいくつかの例で求めた結果からわかるように，回路のインピーダンスやアドミタンスは回路素子値以外に，角周波数 ω，すなわち周波数 $f(=\omega/$

2π)の関数である．したがって，素子値が与えられるとインピーダンスやアドミタンスは周波数の関数となる．例えば，図8-1の RL 回路では，インピーダンスは式(8-30)で与えられる．ここで，抵抗 R とインダクタンス L が，

$$R = 1\,\mathrm{k\Omega}, \quad L = 10\,\mathrm{mH}$$

のとき，インピーダンスは，角周波数 ω, あるいは周波数 f の関数として，

$$\boldsymbol{Z} = 10^3 + j\omega \times 10^{-5} = 10^3 + j(2\pi \times 10^{-5} f)$$

となる．明らかに，$\omega(=2\pi f)$ は正弦波交流電源の角周波数なので，インピーダンスは電源周波数により変化する．このように，インピーダンスが周波数の関数となっていることの持つ意味を理解することは回路の働きを知る上できわめて重要である．そこで，ここでは，インピーダンスやアドミタンスが角周波数 ω の関数であることを強調して

$$\boldsymbol{Z}(j\omega), \quad \boldsymbol{Y}(j\omega) \tag{8-44}$$

と書くことにする．このように，変数を単に ω ではなく $j\omega$ としたのは，8-2節で説明したように，回路の基本素子が $j\omega$ を変数として表されているからである．なお，角周波数 ω は物理的には正値（≥ 0）しか意味を持たないが解析上は負値も考えた方が便利であるので，以下では ω は一般に実数値（$-\infty$, $+\infty$）として扱う．

ここで，図8-1の RL 回路におけるインピーダンス

$$\boldsymbol{Z}(j\omega) = R + j\omega L$$

について再度考えてみよう．

正弦波定常解析では，回路の電圧，電流の振幅と位相が計算されるが，インピーダンス $\boldsymbol{Z}(j\omega)$ と回路の電圧，電流それぞれの振幅，位相の関係はすでに求めた式(8-18), (8-19)で与えられるので，これを，ここでの RL 回路に適用すると

$$I = \frac{V}{|\boldsymbol{Z}(j\omega)|}$$
$$= \frac{V}{\sqrt{R^2 + (\omega L)^2}} = \frac{V}{\sqrt{R^2 + (2\pi f L)^2}} \tag{8-45}$$

$$\theta_I = \theta_v - \phi$$
$$= \theta_v - \tan^{-1}\frac{\omega L}{R} \tag{8-46}$$

これらの関係から，電流の振幅 I は回路に加えられる電圧源の周波数の関数であるインピーダンスの大きさ $|Z(j\omega)|$ によって決定されることがわかる．さらに，電流の位相は電圧の位相に対し，インピーダンスの位相量 $\phi = \mathrm{Arg}\ Z(j\omega)$ だけ遅れる．

ここで，インピーダンスの大きさ $|Z(j\omega)| = \sqrt{R^2 + (\omega L)^2}$ と位相 $\phi = \mathrm{Arg}\ Z(j\omega) = \tan^{-1}(\omega L/R)$ を ω の関数として描くと，図 8-16（a），（b）のとおりである．これらは，それぞれ，インピーダンスの**振幅特性**，**位相特性**と呼び，両者を総称して**周波数特性**と呼ぶ．

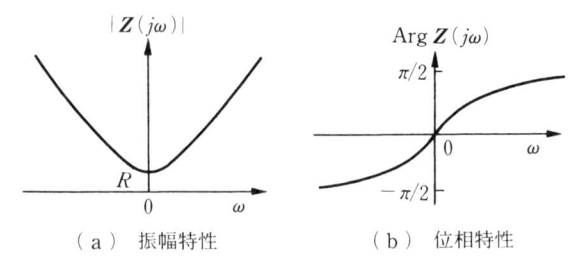

（a） 振幅特性　　　（b） 位相特性

図 8-16　RL 回路のインピーダンスの周波数特性

また，電圧源の振幅を一定値（$V = $ 一定）としたときの電流の振幅 I と位相 θ_I の周波数による変化を式(8-45)に基づいて示すと，図 8-17（a），（b）のとおりである．

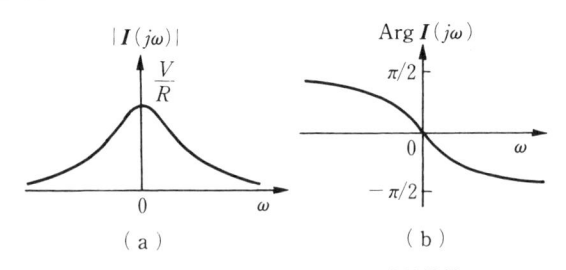

（a）　　　（b）

図 8-17　RL 回路の電流の周波数特性

直流電源の定常状態（$\omega = 0$）

インピーダンスの周波数特性において，$\omega = 0$ とおくと，これは電源が直流電源であるときの定常状態に対応する．例えば，RL 回路では，$\omega = 0$ のとき

$$Z = R$$

となり，これはすでに 6-2 節で示したように，インダクタを短絡したことに対応する．

このことからもわかるように，正弦波定常解析の結果は $\omega = 0$ とおくことで，直流定常解析を含むものである．

インピーダンスや電圧，電流の周波数特性を理解するために，図 8-17 に示した I の振幅・位相特性において三つの周波数，①$\omega = 0$, ②$\omega = \omega_1$, ③$\omega = \omega_2$ をとり（図 8-18(a)），そのときの回路の電圧と電流の様子をそれぞれ図 8-18(b) に示した．周波数が大きくなるにつれてインピーダンスの振幅が非常に大きくなり，その結果，電流が次第に流れなくなる様子がわかる．このように周波数による回路の特性を理解できる力をつけることは大事なことである．

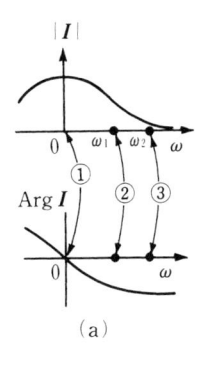

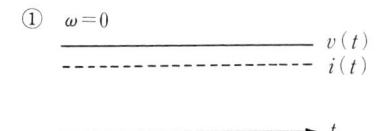

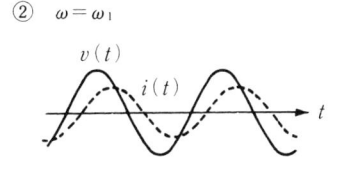

図 8-18　周波数特性と各周波数での応答の関係

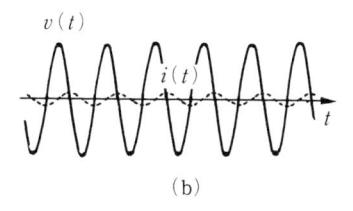

[例題 8-3]　図 8-13 の RC 回路において $R = 1$, $C = 1$ のときのインピーダンスの周波数（振幅，位相）特性の概略図を与えなさい．

[解]　式(8-43)より，インピーダンスは ω の関数として

$$Z(j\omega) = \frac{1+j\omega}{j\omega} = 1 - j\frac{1}{\omega} \tag{8-47}$$

となる．

振幅特性は

$$|Z(j\omega)| = \sqrt{1 + \frac{1}{\omega^2}} \tag{8-48}$$

一方，位相特性は

$$\text{Arg } Z(j\omega) = -\tan^{-1}(1/\omega) \tag{8-49}$$

これらの概略を図示すると図 8-19 のとおりである．

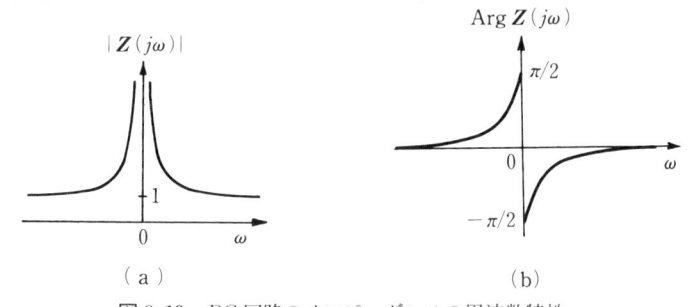

図 8-19　RC 回路のインピーダンスの周波数特性

第 8 章のまとめ

- 「線形時不変回路の正弦波定常状態においては，すべての電流，電圧も電源と同じ角周波数をもつ波形である」ことがフェザー法の基となっている．
- 基本素子 R, L, C における電圧，電流のフェザー関係式が解析の基本である．
- インピーダンス，アドミタンスは端子対における電圧，電流の複素数表示の比として定義される．
- インピーダンス（アドミタンス）は電源の角周波数 ω の関数であり，これを $Z(j\omega)$ ($Y(j\omega)$) と書く．
- 回路の応答が周波数によってどのように変化するかがフェザー法によって明らかになる．また，正弦波定常状態の解析の特別な場合として直流の定常状態の解析も含まれる．

演習問題

1. 図 8-1 の回路で定常状態における $i(t)$ が
$$i(t) = \frac{V}{2R} \sin\left(\omega t - \frac{\pi}{3}\right)$$
となった。このときの角周波数 ω を求めなさい。

2. 図 8-20 の回路の端子 1-1'間のインピーダンスを直交座標表示, 極座標表示の両表現で与えなさい。

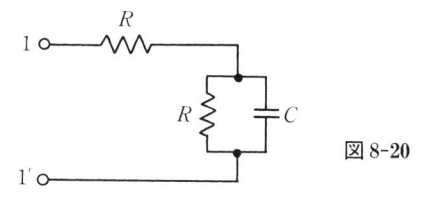

図 8-20

3. 図 8-21 の回路について答えなさい。
  (1) 端子 1-1'間のインピーダンスを R, L, C, ω で与えなさい。
  (2) R, C, L に次の値を代入し, 周波数が $f = 50$ Hz であるときのインピーダンスを計算しなさい。

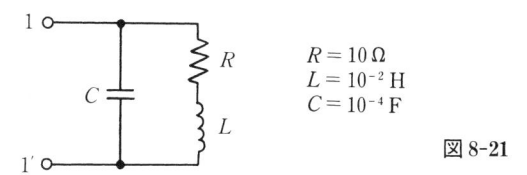

$R = 10\ \Omega$
$L = 10^{-2}$ H
$C = 10^{-4}$ F

図 8-21

4. 図 8-22 の回路について以下の問いに答えなさい。
  (1) $e(t)$ のフェザー表示を $\boldsymbol{E}$, $i(t)$ のフェザー表示を $\boldsymbol{I}$ とし, 両者のフェザー表示を与えなさい。
  (2) (1)の結果をもとに, 図 8-8, 8-9 と同様な $\boldsymbol{E}$, $\boldsymbol{I}$ の複素平面での表示と時間波形 $e(t)$, $i(t)$ の概略図を示しなさい。ただし, $\omega RC = 1$ とおく。

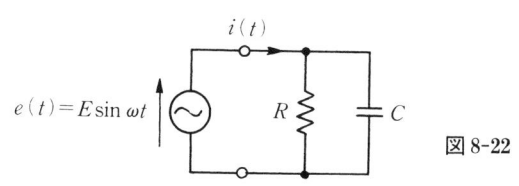

$e(t) = E \sin \omega t$

図 8-22

5. 上記 4. の回路で $e(t)$ と $i(t)$ の位相差が $\pi/6$ となるための条件を与えなさい．

6. 図 8-23 の回路の端子 1-1′ 間のインピーダンスは，等式
$$R^2 = L/C$$
が成立するとき，周波数によらず一定値であることを示しなさい．

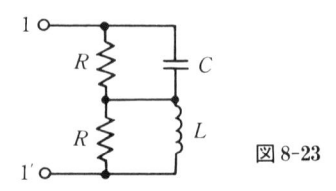

図 8-23

7. 図 8-24 の回路において $e(t)$ と $i(t)$ の位相が等しくなるときの角周波数 ω を求めなさい．なお，$L < CR^2$ とする．

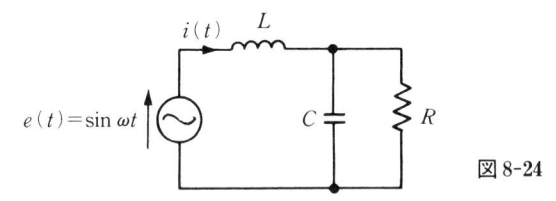

図 8-24

第 9 章

交流回路と電力

　正弦波定常状態にある回路について引き続き学ぶ．まず，RLC 直列共振回路，並列共振回路の周波数特性について調べる．次に信号や電力の伝送に関連して，電圧伝達特性の周波数変化にふれる．また，複数の周波数成分をもつ交流電源の回路に対しても重ね合わせの定理により正弦波定常解析が適用できることを示す．最後に，正弦波定常状態での電力について学ぶ．

9-1　共 振 回 路

（1）　LCR 直列共振回路

　図 9-1(a) に示すように，L, C, R の各素子を直列に接続した回路について考える．図に記入した枝電圧のフェザー表示と，KVL の等式

$$V_R + V_L + V_C = V$$

から，

$$RI + j\omega L I + \frac{1}{j\omega C} I = V \tag{9-1}$$

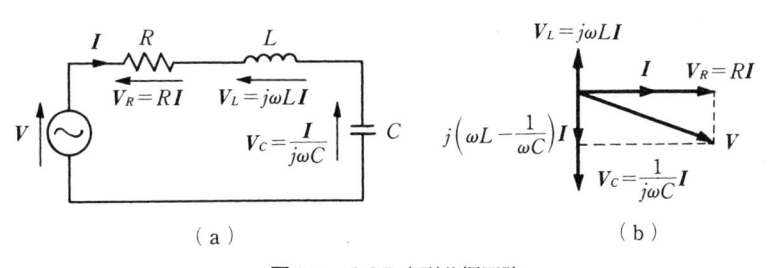

図 9-1　LCR 直列共振回路

となる．これを複素数平面に図示すると，図9-1(b)のとおりである．

式(9-1)から，電流のフェザー表示は

$$I = \frac{1}{R + j\left(\omega L - \dfrac{1}{\omega C}\right)} V \tag{9-2}$$

I の振幅 $|I|$ は，

$$|I| = \frac{|V|}{\sqrt{R^2 + \left(\omega L - \dfrac{1}{\omega C}\right)^2}} \tag{9-3}$$

である．$|I|$ は角周波数 ω，あるいは素子値 R, L, C の関数である．そこで，すでに6章で述べた過渡状態における三つのタイプに対応する，① $R > 2\sqrt{L/C}$，② $R = 2\sqrt{L/C}$，③ $R < 2\sqrt{L/C}$ の場合について，$\omega(=2\pi f)$ によって $|I|$ がどのように変化するかを調べてみよう．図9-2に ω の関数としての $|I|$ の概略図を示す．なお，この章では $\omega \geqq 0$ 部分の特性だけを図示する．

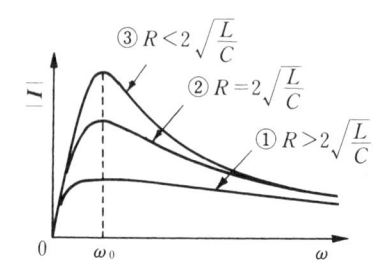

図9-2 $|I|$ の ω による変化

式(9-3)からも明らかなように，いずれも

$$\omega L = \frac{1}{\omega C} \tag{9-4}$$

すなわち，

$$\omega = \frac{1}{\sqrt{LC}} \quad (\triangleq \omega_0) \tag{9-5}$$

同じく

$$f = \frac{1}{2\pi\sqrt{LC}} \quad (\triangleq f_0) \tag{9-6}$$

のとき，$|I|$ は最大となる．このときの $|I|$ 値は，$V = |V|$ とおくと

$$|I|_{\max} = \frac{V}{R} \tag{9-7}$$

である．これからわかることは，電源から加えられる角周波数 ω が回路の持つ L, C 素子値から決まる $\omega_0 = 1/\sqrt{LC}$ に等しいときに最大の電流が流れる．また，最大値 $|I|_{\max}$ は R が小さければ小さいほど，それに反比例して大きくなる．LCR 回路にあるこのような現象を共振現象とよび，このときの回路を**直列共振回路**，式 (9-5)，(9-6) で定義される ω_0, f_0 を**共振角周波数**, **共振周波数**という．このような共振現象は物理現象として機械振動でもよく知られたもので，構造物の持っている固有の振動数と一致する周波数をもつ力を加えることで発生する大きな振動のことである．

LCR 直列共振回路での共振現象をインピーダンスによって調べてみよう．回路のインピーダンスは

$$\boldsymbol{Z} = \frac{V}{I} = R + j\left(\omega L - \frac{1}{\omega C}\right) \tag{9-8}$$

である．共振現象のおこる電源周波数が $\omega = \omega_0$ であるときには，キャパシタのインピーダンス $-j(1/\omega_0 C)$ とインダクタのインピーダンス $j\omega_0 L$ とが互いにうち消し合って，回路のインピーダンスは虚数部分（これをリアクタンス成分という）が消えて抵抗 R だけになる．そのために，インピーダンスの大きさ $|\boldsymbol{Z}|$ は最小となり，その結果，電流の大きさが最大となる．もし，R がゼロである回路ならば，$|I|$ は $\omega = \omega_0$ において無限大となる．もちろん実際には微少な抵抗成分があるし，回路に加えられる電圧，電流の大きさには制限があるので，このような共振現象のときには電圧値は飽和したり，素子の破損にいたることになる．

次にインピーダンス $\boldsymbol{Z}$ の位相について考える．位相，すなわち $\boldsymbol{Z}$ の偏角は

$$\mathrm{Arg}\,\boldsymbol{Z} = \tan^{-1} \frac{\omega L - \dfrac{1}{\omega C}}{R} = \tan^{-1} \frac{\omega^2 LC - 1}{\omega CR} \tag{9-9}$$

であり，図 9-2 と同様，三つのタイプについて，その概略を図 9-3 に示す．

これからわかるように，電流と電圧の位相の関係は，$\omega L > 1/\omega C$ のとき，Z の位相は正で，電流が電圧より遅れる．すなわち，回路は LR 直列回路のようになる．逆に，$\omega L < 1/\omega C$ のときは Z の位相は負となり，CR 直列回

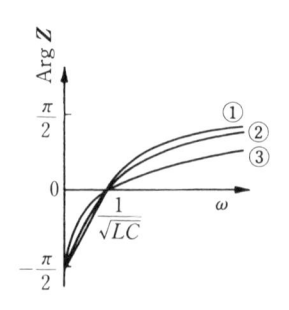

図 9-3 Arg Z の ω による変化

路のようになる．このように，電源周波数 ω が $\omega_0 = 1/\sqrt{LC}$ より大きいか小さいかによって，回路の応答特性が変わる．すなわち，電圧，電流の位相にある進みと遅れの関係に限れば，$\omega > \omega_0$ のとき RL 回路の特性，$\omega < \omega_0$ のとき RC 回路の特性となる．

（2） 共振回路の Q 値

回路の共振特性の性能を示すパラメータとして Q 値がある．Q 値の定義は

$$Q = \frac{\text{共振時のキャパシタ（インダクタ）にかかる電圧} |V_C|(|V_L|)}{\text{入力電圧の大きさ}(|V|)} \tag{9-10}$$

共振時では

$$I = V/R \quad (\triangleq I_r) \tag{9-11}$$

$$V_C = \frac{I_r}{j\omega_0 C} = -j\omega_0 L I_r = -V_L \tag{9-12}$$

なので，Q 値の等価な表現として

$$Q = \frac{\omega_0 L}{R} = \frac{1}{\omega_0 CR} = \frac{1}{R}\sqrt{\frac{L}{C}} \tag{9-13}$$

等が与えられる．Q 値は図 9-2 に示した共振特性のピークの鋭さを与えるものである（演習問題 4．参照）．

（3） RLC 並列共振回路

図 9-4(a) に示すように R，L，C 各素子を並列接続した回路に発生する共

9-1 共振回路

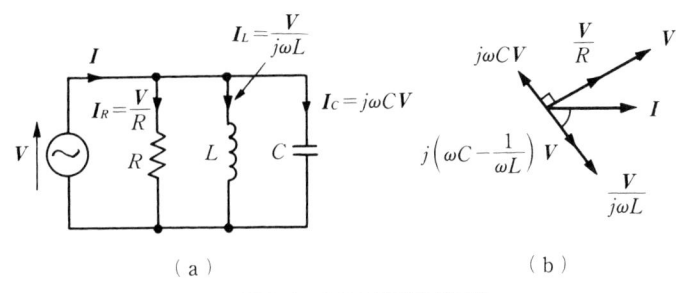

図 9-4 *LCR* 並列共振回路

振現象について考えよう．回路に成立する KCL から，

$$\frac{V}{R} + \frac{V}{j\omega L} + j\omega C V = I \tag{9-14}$$

が成立する．上式の複素数表示を図 9-4(b) に示す．

式 (9-14) より，電流のフェザー表示は

$$I = \left(\frac{1}{R} + \frac{1}{j\omega L} + j\omega C\right)V = \left\{\frac{1}{R} + j\left(\omega C - \frac{1}{\omega L}\right)\right\}V \tag{9-15}$$

であり，振幅特性は

$$|I| = \sqrt{\frac{1}{R^2} + \left(\omega C - \frac{1}{\omega L}\right)^2}\,|V| \tag{9-16}$$

である．これからわかるように，すでに定義した

$$\omega = \frac{1}{\sqrt{LC}} \quad (\triangleq \omega_0)$$

すなわち，

$$f = \frac{1}{2\pi\sqrt{LC}} \quad (\triangleq f_0)$$

図 9-5 $|I|$ の ω による変化

のとき，電流 $|I|$ は最小値 $|I|_{\min} = |V|/R$ となる．$|I|$ の周波数特性を図 9-5 に示す．このように並列共振回路では，共振周波数において回路電流が最小となり，これを**反共振現象**という．

[**例題 9-1**] 図 9-6 の回路のキャパシタ C_a を次のように変化させるとき，回路の共振周波数が変化する範囲を求めなさい．

$$C_a = x\,[\mu\text{F}] \qquad 0.1 \leq x \leq 0.5 \qquad (9\text{-}17)$$

$L = 0.1\,\text{mH}$
$C_0 = 1\,\mu\text{F}$

$C_a = x\,\mu\text{F} \quad 0.1 \leq x \leq 0.5$

図 9-6

[**解**] キャパシタ C_0 と C_a の並列接続によるキャパシタンス C は

$$C = C_0 + C_a = (1 + x) \times 10^{-6}\,[\text{F}]$$

となる．したがって，共振周波数は

$$f_0 = \frac{1}{2\pi\sqrt{LC}} = \frac{1}{2\pi\sqrt{(1+x)10^{-5}}} \fallingdotseq \frac{1.6}{\sqrt{1+x}} \times 10^4\,[\text{Hz}] \qquad (9\text{-}18)$$

なので，f_0 の範囲は，ほぼ

$$13\,\text{kHz} \leq f_0 \leq 15\,\text{kHz} \qquad (9\text{-}19)$$

となる．

9-2 電圧伝達特性

図 9-7 に示す RC 回路において，電源角周波数 ω による電源電圧 V とキャパシタ両端の電圧 V_c の関係について調べてみよう．

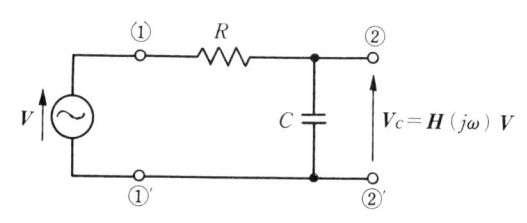

図 9-7 RC 回路の電圧伝達特性

9-2 電圧伝達特性

すでに 4-2 節で導入した抵抗回路の電圧伝達関数を正弦波定常状態における伝達関数として拡張すると，図 9-7 の回路でのフェザー表示における電圧比

$$\frac{V_c}{V} = \frac{1}{1 + j\omega CR} = H(j\omega) \qquad (9\text{-}20)$$

が電圧伝達関数である．ここでの伝達関数の意味は電源電圧を入力，キャパシタ両端の電圧を出力としたときの入力と出力の伝達特性がこの関数で与えられるからである．そこで，$V = V$（一定）のとき，ω によって V_c の振幅（すなわち，$v_c(t)$ の振幅）がどのように変化するかを計算すると，

$$|V_c| = \frac{1}{\sqrt{1 + (\omega CR)^2}} V = |H(j\omega)| V \qquad (9\text{-}21)$$

となる．この概略を図 9-8 に示す．

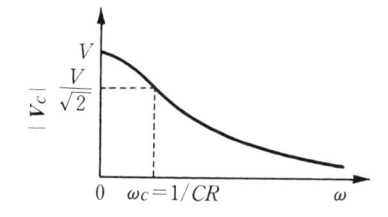

図 9-8 $|V_c|$ の ω による変化

この図から，RC 回路の時定数 $\tau = RC$ の逆数となる角周波数（そのときの周波数）

$$\omega_c = \frac{1}{RC} \qquad \left(f_c = \frac{1}{2\pi RC}\right) \qquad (9\text{-}22)$$

において，

$$|V_c| = V/\sqrt{2} \fallingdotseq 0.7\,V \qquad (9\text{-}23)$$

となる．いわば，この ω_c を境にそれよりも高い角周波数になればなるほどキャパシタ両端の電圧は小さくなる．このように入力側の電源周波数が高い場合にはその入力波形が出力側の電圧に伝達されない．このような特性を持つ回路を**低域通過フィルタ**（低周波数信号を出力に通過させる回路の意味），あるいは**ローパスフィルタ**と呼ぶ．また，図 9-8 は回路の伝達関数の周波数特性という．

もう一つ大事な点として，時定数 τ の大きさと周波数特性の関係について

述べる.時定数 τ は5章の図5-7に示すように時間応答の減衰の早さを与えている.一方,図9-8の伝達特性で通過させる信号の周波数の範囲(これを通過域,あるいは伝達特性の**帯域幅**という)は角周波数 ω_c が目安となり,これは時定数 τ の逆数である.このように時定数が与える時間応答の広がりと周波数応答の広がりである帯域幅は互いに反比例の関係にある.

9-3 周期波形に対する回路の応答

　これまでは,単一の周波数を持つ交流電源に対する回路の応答について述べた.しかし,異なる周波数である複数の電源をもつ場合や,単一の電源であっても正弦波以外の周期的な波形の電源である場合もある(図9-9).

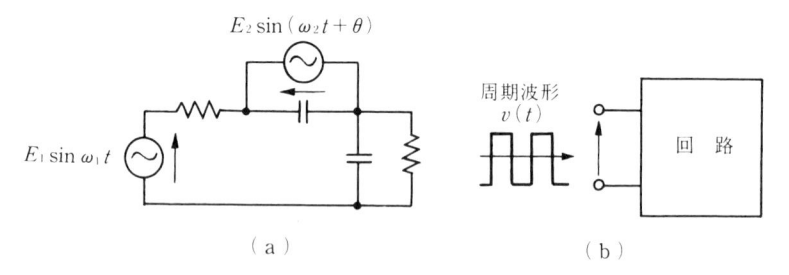

図9-9　複数の周波数をもつ交流電源を含む回路

　これらの場合はいずれも,重ね合わせの定理を用いて解析を行うことができる.なお,周期的な電源波形はそれを異なる正弦波形の線形結合で表し,その個々の成分を正弦波電源として分離した上で重ね合わせの定理を用いる.そのために,有用な数学的な手法は周期関数を正弦波の和に分解する**フーリエ級数展開**である.ここでは,図9-9(b)のような単一の周期波形の交流電源についてのみ考えることにするが,フーリエ級数展開の数学的な側面やその具体的求め方については省略して,周期波形のフーリエ級数展開が与えられたものとして解析を進める.

　いま,周期が T [s] である周期波形 $f_T(t)$ が与えられたとき,同じ周期をもつ正弦波形

$$\sin(n\omega_0 t + \theta_n) \quad (ここに,\ \omega_0 = 2\pi/T,\ n = 1,\ 2,\ \cdots) \tag{9-24}$$

と定数項による展開（フーリエ級数展開）
$$f_T(t) = A_0 + A_1 \sin(\omega_0 t + \theta_1) + A_2 \sin(2\omega_0 t + \theta_2) + \cdots \tag{9-25}$$
で表すことができる．係数 $A_n (n = 0, 1, \cdots)$ の求め方についてはここでは省略する．フーリエ級数展開における第1項 A_0 は直流電源に相当し，**直流成分**という．また，第2項である $A_1 \sin(\omega_0 t + \theta_1)$ は周期を T とする最も低い周波数成分で**基本波**と呼ばれる．第3項以降は，この基本波の2倍，3倍，…の周波数をもつ波形なので，これらを**第2高調波，第3高調波**，…という．

例えば，図 9-10(a) のパルス波形のフーリエ級数展開の直流成分，基本波成分，第3高調波成分，第5高調波成分（この波形では第2，第4等の偶数次

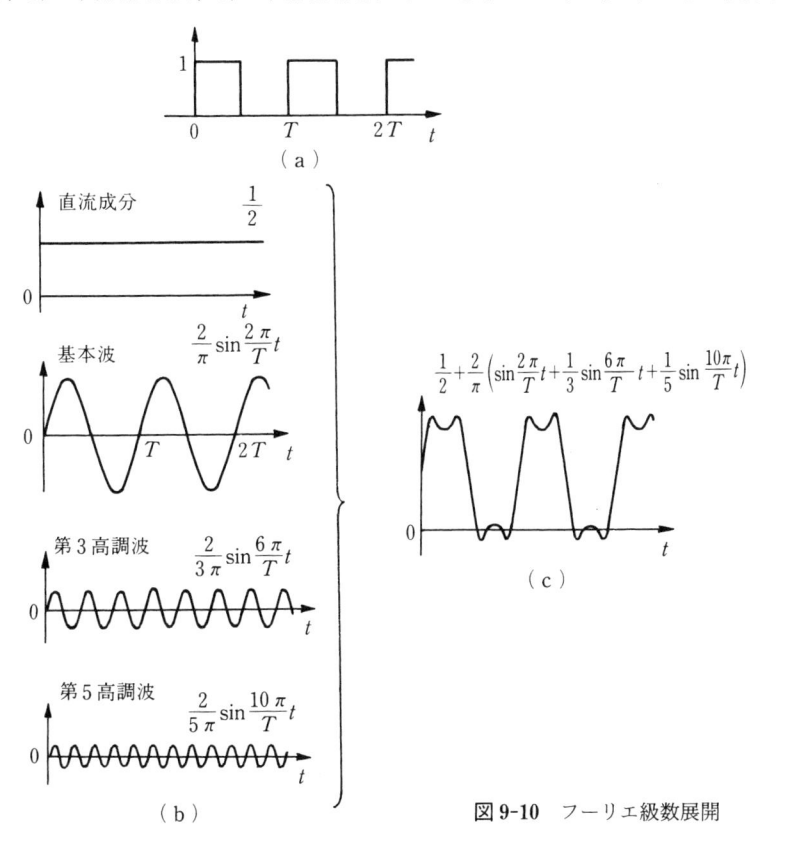

図 9-10 フーリエ級数展開

高調波成分は存在しない）をそれぞれ図(b)に示し，これらすべての和，すなわち，式(9-25)右辺を第6項までで打ち切った部分の波形を図(c)に示す．

図9-11(a)のように，電源電圧 $v(t)$ が式(9-25)の周期波形 $f_T(t)$ で与えられるとき，これを等価な電源として表現するには，図9-11(b)のように，直流電圧が A_0 である電源と交流電圧が $A_n \sin(n\omega_0 + \theta_k)$ $(n = 1, 2, \cdots)$ である電源がすべて直列接続された電源とすればよい．

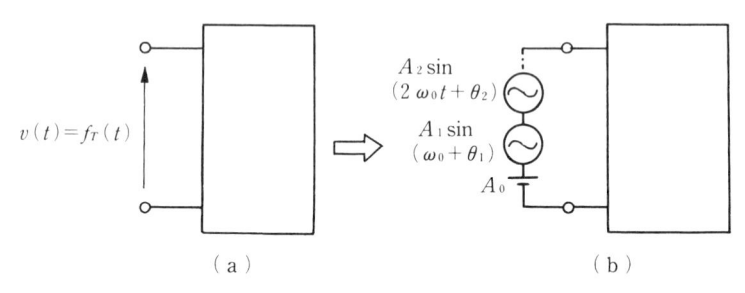

図 9-11 周期波形電源とその等価電源

図(b)のように複数の電源を含む回路の解析は3章で説明したように線形回路における重ね合わせの定理により行うことができる．すなわち，複数の電源のうちいずれか一つの電圧源のみがあり，他の電圧源を短絡させたときの回路応答を求め，それをすべての電源について行ったときの応答の和が電源波形 $f_T(t)$ に対する応答となる．したがって，この場合の回路解析も個々の周波数に対する解析をすることができればよい．このことから周期波形の電源に対する応答計算はフーリエ級数展開を行えば，その後の計算はこれまでの正弦波定常解析で可能である．

以下に具体例によってこのことを説明する．

図 9-12 に示す RC 回路（図 9-7 と同じ）において，入力電源に直流，基本

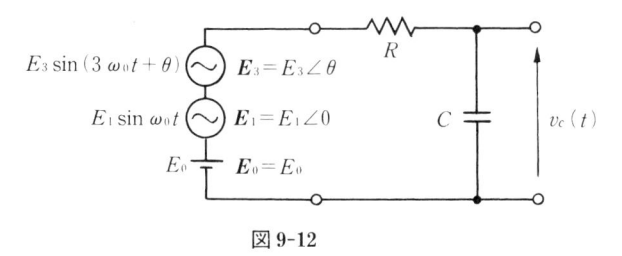

図 9-12

波，第3高調波が合わさった電源電圧

$$e(t) = E_0 + E_1 \sin \omega_0 t + E_3 \sin(3\omega_0 t + \theta) \tag{9-26}$$

を加え，定常状態になったときのキャパシタ両端の出力電圧を求める．

図9-12に示すように，電圧源$v(t)$は三つの電源の直列接続で与えられ，それぞれのフェザー表示も合わせて示す．なお，E_0部分は直流で，$\omega_0 = 0$に相当する．

重ね合わせの定理を用いて個々の電源に対する応答を求める．

① **直流電源 E_0 に対する応答**（図9-13(a)）

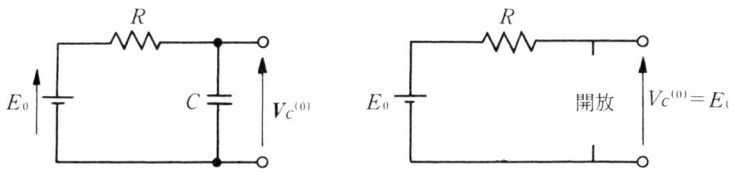

図9-13 E_0 に対する応答

6-2節で述べたように，直流電源での定常状態では，図9-13(b)のようにキャパシタCの端子枝を開放する．このとき回路は電流が流れないのでRでの電圧降下はなく，結局

$$V_C^{(0)} = E_0$$

となる．よって，

$$v_C^{(0)}(t) = E_0 \tag{9-27}$$

② **基本周波数電源 $E_1 = E_1 \angle 0$ に対する応答**

すでに式(9-20)で与えたように，E_1 と $V_C^{(1)}$ の関係に $\omega = \omega_0$ を代入すると，

$$V_C^{(1)} = \frac{1}{1 + j\omega_0 CR} E_1 = \frac{E_1}{\sqrt{1 + (\omega_0 CR)^2}} \angle -\phi_1 \tag{9-28}$$

ここに，$\phi_1 = \tan^{-1} \omega_0 CR$ となる．よって，

$$v_C^{(1)}(t) = \frac{E_1}{\sqrt{1 + (\omega_0 CR)^2}} \sin(\omega_0 t - \phi_1) \tag{9-29}$$

となる．

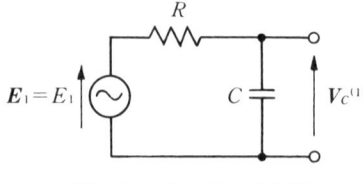

図 9-14 E_1 に対する応答

③ **第 3 高調波電源** $E_3 = E_3 \angle \theta$ **に対する応答**

②と同様，式 $(9\text{-}20)$ で与えた $E_3 = E_3 \angle \theta$ と $V_C^{(3)}$ の関係に $\omega = 3\omega_0$ を代入すると，

$$V_C^{(3)} = \frac{1}{1 + j3\omega_0 CR} E_3 \angle \theta = \frac{E_3}{\sqrt{1 + (3\omega_0 CR)^2}} \angle \theta - \phi_3 \tag{9-30}$$

ここに，$\phi_3 = \tan^{-1} 3\omega_0 CR$ となる．よって，

$$v_C^{(3)}(t) = \frac{E_3}{\sqrt{1 + (3\omega_0 CR)^2}} \sin(3\omega_0 t + \theta - \phi_3) \tag{9-31}$$

となる．

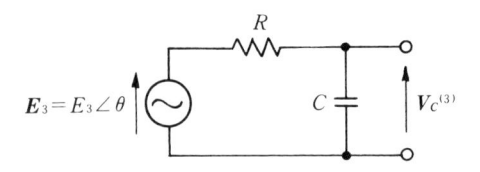

図 9-15 E_3 に対する応答

重ね合わせの定理から，これらの三つの結果の和

$$\begin{aligned}
v_C(t) &= v_C^{(0)}(t) + v_C^{(1)}(t) + v_C^{(3)}(t) \\
&= E_0 + \frac{E_1}{\sqrt{1 + (\omega_0 CR)^2}} \sin(\omega_0 t - \phi_1) \\
&\quad + \frac{E_3}{\sqrt{1 + (3\omega_0 CR)^2}} \sin(3\omega_0 t + \theta - \phi_3)
\end{aligned} \tag{9-32}$$

が求める応答となる．図 9-16 に，この例における電源入力波形 $e(t)$ と出力応答波形 $v_C(t)$ の一例を示す．

すでに 9-2 節で述べたように，この回路では周波数が高い場合に応答 $v_C(t)$

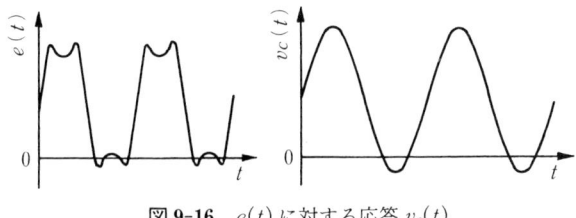

図 9-16 $e(t)$ に対する応答 $v_c(t)$

が小さくなるローパス特性を持っていることがこの結果からわかる．ここでは，$3\omega_0$ の成分が出力にほとんど現れていない．

9-4 正弦波定常状態での電力

(1) 平均電力

角周波数 ω の正弦波定常状態にある回路の電圧，電流が図 9-17 に示すように与えられている場合を考えよう．

電流，電圧

$$\left.\begin{array}{l} i(t) = I \sin \omega t \\ v(t) = V \sin (\omega t + \theta) \end{array}\right\} \quad (9\text{-}33)$$

のフェザー表示は，それぞれ

$$\left.\begin{array}{l} \boldsymbol{I} = I \angle 0 \\ \boldsymbol{V} = V \angle \theta \end{array}\right\} \quad (9\text{-}34)$$

である．回路に供給される電力（瞬時電力）は，図 9-17 の矢印に注意して

$$\begin{aligned} p(t) = v(t)i(t) &= VI \sin(\omega t + \theta) \sin \omega t \\ &= \underbrace{\frac{1}{2} VI \cos \theta}_{\text{一定値}} - \underbrace{\frac{1}{2} VI \cos(2\omega t + \theta)}_{\text{周期関数}} \end{aligned} \quad (9\text{-}35)$$

（付録 D, (2) の公式を用いた）

図 9-17 正弦波定常状態の回路

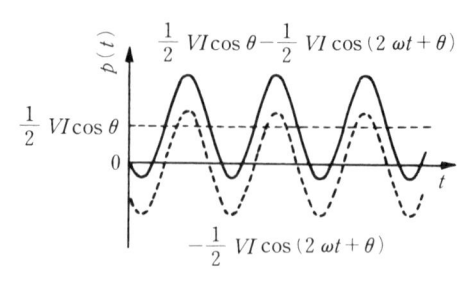

図9-18 瞬時電力 $p(t)$

である．これを，二つの成分と共に図9-18に示す．

このように，$p(t)$ は式(9-35)右辺第1項の一定値と，第2項の角周波数 2ω である正弦波状に変化する部分よりなる．すでに，実効値を導入するさいに説明したように，正弦波定常状態における電力は1周期にわたる平均値，すなわち平均電力で与えられるので，

$$P_{\text{av}} = \frac{1}{T}\int_0^T p(t)dt = \frac{1}{2}VI\cos\theta \tag{9-36}$$

となる．$v(t)$, $i(t)$ の実効値 $V_{\text{eff}} = V/\sqrt{2}$, $I_{\text{eff}} = I/\sqrt{2}$ を用いると

$$P_{\text{av}} = \frac{V}{\sqrt{2}}\cdot\frac{I}{\sqrt{2}}\cos\theta = V_{\text{eff}}I_{\text{eff}}\cos\theta \tag{9-37}$$

と書ける．このように平均電力は電圧，電流の実効値 V_{eff}, I_{eff} の積に $\cos\theta$ をかけたもので，$\cos\theta$ は**力率**と呼ばれる．θ は電圧，電流間の位相差である．例えば，回路が抵抗だけでできている場合は位相差はゼロなので，平均電力は電圧と電流の実効値の積となる．

電圧，電流のフェザー表示の式(9-34)から，インピーダンスは

$$\boldsymbol{Z} = \frac{\boldsymbol{V}}{\boldsymbol{I}} = \frac{V}{I}\angle\theta \tag{9-38}$$

である．したがって，力率 $\cos\theta$ はインピーダンスの偏角 θ の余弦（$\cos$）であるともいえる．

[例題9-2] 図8-7の RL 回路で消費する平均電力を求めなさい．
[解] まず，電圧，電流の実効値を求めると，

$$V_{\text{eff}} = \frac{V}{\sqrt{2}}, \qquad I_{\text{eff}} = \frac{|I|}{\sqrt{2}} = \frac{V}{\sqrt{2}\sqrt{R^2 + (\omega L)^2}} \qquad (9\text{-}39)$$

力率 $\cos \theta$ は,
$$\tan \theta = \omega L / R \qquad (9\text{-}40)$$
の結果から
$$\cos \theta = \frac{R}{\sqrt{R^2 + (\omega L)^2}} \qquad (9\text{-}41)$$
これらと, 式(9-37)から,
$$P_{\text{av}} = V_{\text{eff}} I_{\text{eff}} \cos \theta = \frac{1}{2} \cdot \frac{RV^2}{R^2 + (\omega L)^2} \qquad (9\text{-}42)$$
この結果から, R が ωL に対比して小さいとき, $P_{\text{av}} \to$ ゼロとなり, 反対に R が ωL に比べて大きいとき, $P_{\text{av}} = V^2/2R$ となる.

(2) 複素電力

正弦波定常状態における電力の計算には電流, 電圧の複素数表示によって定義される**複素電力**が便利である. 図9-17の回路と同様に設定された電圧, 電流のフェザー表示をそれぞれ, $\boldsymbol{V}$, $\boldsymbol{I}$ とするとき, 回路に供給される複素電力は次の式で定義される.

$$\boldsymbol{P} = \frac{1}{2} \boldsymbol{V} \bar{\boldsymbol{I}} \qquad (\bar{\boldsymbol{I}} : \boldsymbol{I} \text{ の共役値}) \qquad (9\text{-}43)$$

例えば, 図9-17の場合, $\boldsymbol{V} = V \angle \theta = V e^{j\theta}$, $\boldsymbol{I} = I \angle 0$ とおくと,

$$\boldsymbol{P} = \frac{1}{2} V I e^{j\theta} = \frac{1}{2} V I \cos \theta + j \frac{1}{2} V I \sin \theta \qquad (9\text{-}44)$$

であり, 複素電力の実数部分が平均電力となっている. すなわち,

$$P_{\text{av}} = \text{Re}\{\boldsymbol{P}\} = \frac{1}{2} \text{Re}\{\boldsymbol{V} \bar{\boldsymbol{I}}\} = \frac{1}{2} V I \cos \theta \qquad (9\text{-}45)$$

である. なお, 電流, 電圧のフェザー表示が

$$\boldsymbol{V} = V \angle \theta, \qquad \boldsymbol{I} = I \angle \phi \qquad (9\text{-}46)$$

であるときには, 複素電力の定義から回路に供給される平均電力は

$$\begin{aligned} P_{\text{av}} &= \frac{1}{2} \text{Re}\{V I e^{j(\theta - \phi)}\} = \frac{1}{2} V I \cos(\theta - \phi) \\ &= V_{\text{eff}} I_{\text{eff}} \cos(\theta - \phi) \end{aligned} \qquad (9\text{-}47)$$

となる.

一方，ここで，図9-17の回路のインピーダンスを Z とすると，

$$P_{\mathrm{av}} = \frac{1}{2}\mathrm{Re}\{V\bar{I}\} = \frac{1}{2}\mathrm{Re}\{ZI\bar{I}\} = \frac{1}{2}\mathrm{Re}\{Z\}|I|^2 \qquad (9\text{-}48)$$

である．P_{av} は回路に供給された，あるいは回路で消費された電力であり，上記の式から，インピーダンスの実数部，$\mathrm{Re}\{Z\}$ が正であれば $P_{\mathrm{av}} > 0$ より，回路は電力を消費することがわかる．

なお，複素電力の虚数部分は回路で消費されることがなく電源と回路の間でやり取りされる電力の大きさを表している．これを**無効電力**とよぶ．このとき平均電力を**有効電力**と呼ぶ．

（3）最大電力供給の条件

4章で明らかにしたように，図4-20の抵抗回路において電源から負荷 R_L へ最大電力を供給するには，負荷抵抗値と電源の内部抵抗値が一致（$R_L = r$）すればよいことを示した．ここでは，正弦波定常状態における負荷への**最大電力供給問題**を考える．そこで図9-19に示すように，内部インピーダンス z_s，負荷のインピーダンス Z_L がそれぞれ，

$$\left.\begin{array}{l} z_s = r_s + jX_s \\ Z_L = R_L + jX_L \end{array}\right\} \qquad (9\text{-}49)$$

で与えられたときについて考える．

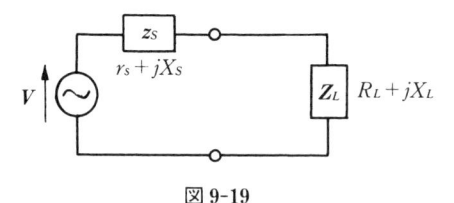

図 9-19

そこで，インピーダンス Z_L に供給される平均電力を計算し，それが最大となる R_L，X_L を決定する問題を考える．

Z_L での電流 I_L が

$$I_L = \frac{1}{z_s + Z_L} \cdot V \qquad (9\text{-}50)$$

で，Z_L にかかる電圧 V_L は

$$V_L = \frac{Z_L}{z_s + Z_L} \cdot V \qquad (9\text{-}51)$$

である．式 $(9\text{-}45)$ から，Z_L に供給される平均電力は

$$P_{\mathrm{av}} = \frac{1}{2}\mathrm{Re}\{V_L \bar{I}_L\} = \frac{1}{2}\mathrm{Re}\left\{\frac{Z_L}{(z_s + Z_L)(\overline{z_s + Z_L})}V\bar{V}\right\}$$

$$= \frac{R_L}{2\,|\,z_s + Z_L\,|^2}\,|\,V\,|^2 = \frac{R_L}{2\{(r_s + R_L)^2 + (X_s + X_L)^2\}}V^2 \qquad (9\text{-}52)$$

そこで，P_{av} が最大値となる条件

$$\frac{\partial P_{\mathrm{av}}}{\partial R_L} = 0, \quad \frac{\partial P_{\mathrm{av}}}{\partial X_L} = 0 \qquad (9\text{-}53)$$

を計算すると，両式を満たすための必要十分条件は

$$\left.\begin{array}{l} R_L = r_s \\ X_L = -X_s \end{array}\right\} \qquad (9\text{-}54)$$

である．この条件を言い換えれば，内部インピーダンスが z_s の電源から最大の電力を取り出すための負荷インピーダンス Z_L は z_s の共役量

$$Z_L = \bar{z}_s \qquad (9\text{-}55)$$

となることである．これは，z_s，Z_L が実数である 4 章の抵抗回路の結果を含んでいる一般的なものである．

なお，P_{av} の最大値は

$$P_{\mathrm{av}}{}^{\mathrm{MAX}} = \frac{V^2}{8r_s} \qquad (9\text{-}56)$$

となる．

第 9 章のまとめ

- LCR 直列共振回路では，角周波数が $1/\sqrt{LC}$ のとき，電流が最大となり，このことを共振しているという．このときの回路のインピーダンスの虚数部分はゼロとなるが，L と C には符号が逆で大きさが同じ大きな電圧がかかる．
- Q 値は共振特性の性能を表すパラメータである．
- LCR 並列共振回路では共振現象において回路を流れる電流が最小となる．

- 正弦波定常状態における電圧伝達関数は周波数の関数として与えられる．
- 周波数の異なる複数の電源を含む回路の解析は重ね合わせの定理を利用して単一の周波数電源の回路を解析することでなされる．
- 正弦波形でない交流電源波形の場合はフーリエ級数展開を利用する．
- 正弦波定常状態での電力は電圧，電流の実効値と力率の積である．
- 最大電力供給は，内部インピーダンスの共役インピーダンスとなる負荷のときである．

演習問題

1. （1） LCR 直列共振回路では共振状態において L, C にそれぞれかかる電圧 V_L, V_C の大きさが等しく符号が異なることを明らかにしなさい．
   （2） LCR 並列共振回路では共振状態において L, C それぞれに流れる電流 I_L, I_C は大きさが等しく逆方向であることを明らかにしなさい．
2. LCR 共振回路のインダクタンスを $L = 0.1\,\mathrm{mH}$, $R = 1\,\mathrm{k\Omega}$ に固定し，キャパシタンス C を可変にして，共振周波数を $10\,\mathrm{kHz} \sim 1\,\mathrm{MHz}$ に変化させる．このときのキャパシタンスの変化させる範囲を求めなさい．また，そのときの共振回路の Q 値の変化する範囲を求めなさい．
3. $f = 1\,\mathrm{kHz}$ において図 9-20(a) の LCR 直列共振回路の ①-①′ からみたインピーダンスが図(b) の RC 回路の ①-①′ からみたインピーダンスと等しくなるとき，図(b) の回路素子 R, C を求めなさい．

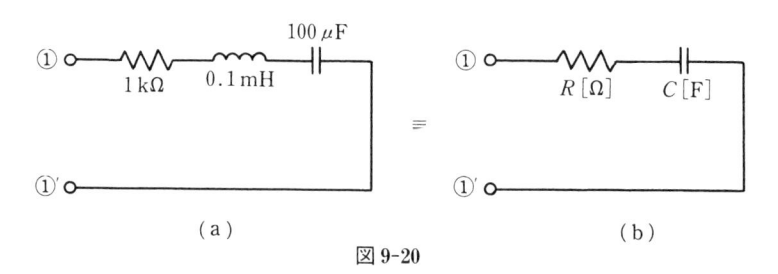

図 9-20

4. LCR 共振回路における電流の振幅（式(9-3)）を用いて共振特性のピークの広がり幅と Q 値の関係について以下の手順に従って答えなさい．

(1) 式(9-7)からわかるように，ωの関数である$|I|^2$が共振周波数ω_0でとる最大値は$|I|_{\max}^2 = (V/R)^2$である．そこで，$|I|^2$がこの最大値の半分となるときの角周波数ω_1, ω_2 ($\omega_1 < \omega_2$) を求めなさい（図9-21参照）．

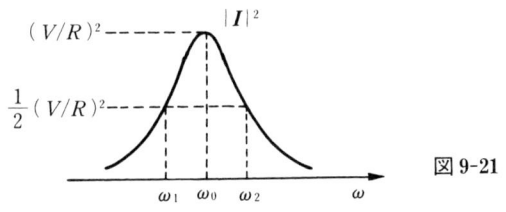

図 9-21

(2) 上で求めたω_1, ω_2を用いて，

$$\frac{\omega_0}{\omega_2 - \omega_1} = Q$$

が成立することを示しなさい．

（注：Q値が共振現象における電流の振幅特性の急峻さを示すことがこの結果からわかる．なお，$\omega_2 - \omega_1$は共振特性の帯域幅と呼ばれる．）

5. 交流電源と直流電源が混在している図9-22の回路における電流$i(t)$を定常状態において求めなさい．

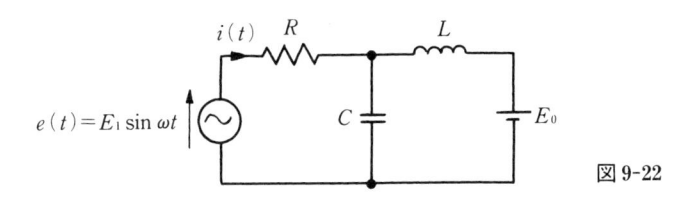

図 9-22

6. 図9-23のRC回路において以下の問いに答えなさい．
   (1) この回路の電圧伝達関数，V_2/V_1を求めなさい．
   (2) $|V_2/V_1| = 1/\sqrt{2}$となるときの角周波数を定めなさい．
   (3) $R = 1\,\text{k}\Omega$で，周波数$f = 20\,\text{kHz}$において，$|V_2/V_1| = 1/\sqrt{2}$となるように，キャパシタンスCを決めなさい．

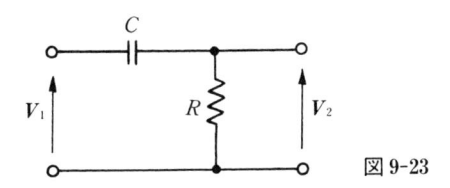

図 9-23

144　第9章　交流回路と電力

7. 角周波数が ω である正弦波定常状態において図の回路の RC 直列負荷回路に最大の電力を供給したい．このときの R, C を与えなさい．また，そのとき負荷に供給される平均電力を求めなさい．

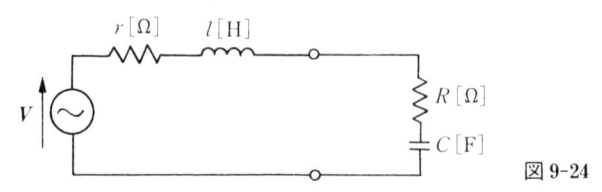

図 9-24

第10章

2端子対回路

　インピーダンスやアドミタンスは正弦波定常状態における回路素子の働きをまとめて表すことができる．これは，回路の内部の構成にとらわれず端子からみた特性を使って解析するのに非常に便利な考え方で，**ブラックボックスの考え方**と呼ばれる．ここでは，回路の役割である信号や電力の伝送に関係深い，入力と出力に対応する二つの端子対を持つ回路のブラックボックスとしての特性を与える手法について述べる．また，このような2端子対回路である変成器とその役割にもふれる．

10-1　2端子対回路

　すでにインピーダンス，アドミタンスとして正弦波定常状態における回路の端子間の電圧−電流特性を導入したように，回路内部の素子の結合にとらわれることなく，外部に取り出された一つの端子対として考えるとき，それを1端子対回路とよぶ．例えば，図10-1(a)の回路において端子対1−1′を取り出した場合，これを1端子対回路と呼ぶ．図のように，端子対の電流は素子を流通

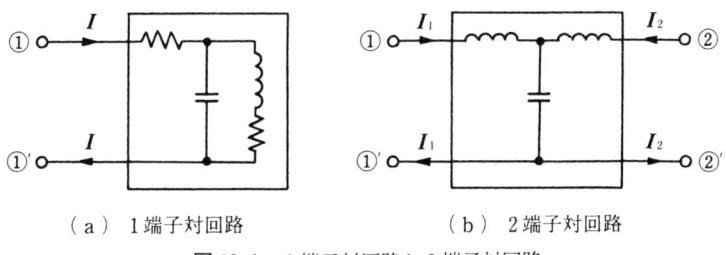

(a)　1端子対回路　　　　　(b)　2端子対回路

図10-1　1端子対回路と2端子対回路

するようになっており，そのときにインピーダンス，アドミタンスが定義される．このように端子対はそこにおける一対の端子で電流の流入，流出が等しい（これを端子対条件を満たすという）ときに，そのように呼ばれる．図10-1(b)のような端子対を2個もつ回路を **2端子対回路**，あるいは **2ポート** という．これらの端子対における電圧，電流をポート（端子）電圧，ポート（端子）電流と呼ぶ．2端子対回路は回路モデルとしてよく利用される．例えばトランジスタ増幅器，伝送回路などのモデルは，入力端子対と出力端子対，あるいは，電源端子対と負荷端子対など，二つの端子対を持つ回路である．

例えば，図10-2は左側の端子対を信号源や電源，右側の端子対は出力信号を取り出す負荷側であり，その間に2端子対回路が接続され，例えば負荷側に最大の電力を供給するなど，その他さまざまな役割を果たす．

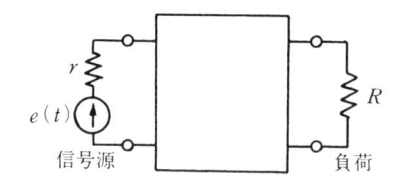

図 10-2 2端子対回路の入力端子と出力端子

10-2 2端子対回路の特性（Z 行列，Y 行列，F 行列）

（1） 2端子対回路のパラメータ

1端子対回路におけるインピーダンス，アドミタンスの拡張として端子対における電圧，電流間の関係を与えることで，**インピーダンス行列（Z 行列）**，**アドミタンス行列（Y 行列）** などを定義することができる．なお，この章ではすべて正弦波定常状態における特性を前提としている．

図 10-3 に示す，端子対①-①′，および②-②′ における端子電圧と端子電

図 10-3 ポート電圧，電流

流のフェザー表示をそれぞれ，

$$\{V_1, I_1\}, \quad \{V_2, I_2\}$$

とおく．

このとき，以下の変数間の関係式から 2 端子対パラメータを導入する．

インピーダンス（Z）行列：

$$\begin{bmatrix} V_1 \\ V_2 \end{bmatrix} = \begin{bmatrix} z_{11} & z_{12} \\ z_{21} & z_{22} \end{bmatrix} \begin{bmatrix} I_1 \\ I_2 \end{bmatrix} \tag{10-1}$$

アドミタンス（Y）行列：

$$\begin{bmatrix} I_1 \\ I_2 \end{bmatrix} = \begin{bmatrix} y_{11} & y_{12} \\ y_{21} & y_{22} \end{bmatrix} \begin{bmatrix} V_1 \\ V_2 \end{bmatrix} \tag{10-2}$$

伝送（F）行列：

$$\begin{bmatrix} V_1 \\ I_1 \end{bmatrix} = \begin{bmatrix} A & B \\ C & D \end{bmatrix} \begin{bmatrix} V_2 \\ -I_2 \end{bmatrix} \tag{10-3}$$

伝送行列のときだけ②-②′端子の電流 I_2 の方向を逆向きとした（$-I_2$）を端子対変数としている．

これらの行列の要素を 2 端子対回路のパラメータという．これ以外にも H 行列や G 行列として知られるパラメータがあるがここでは省略する．

[例題 10-1] 図 10-4 に示す抵抗のみの 2 端子対回路の Z 行列を求めなさい．

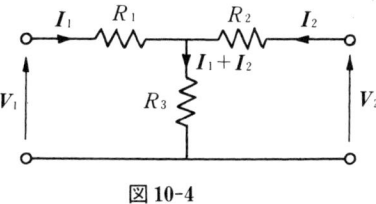

図 10-4

[解] 節点方程式を適用し，V_1，V_2 以外の変数を消去することで次の等式を求めることができる．

$$\left. \begin{aligned} V_1 &= (R_1+R_3)I_1 + R_3 I_2 \\ V_2 &= R_3 I_1 + (R_2 + R_3)I_2 \end{aligned} \right\} \tag{10-4}$$

したがって，Z 行列は

$$Z = \begin{bmatrix} R_1 + R_3, & R_3 \\ R_3, & R_2 + R_3 \end{bmatrix} \qquad (10\text{-}5)$$

である．

（2） 2端子対パラメータの性質

導入された Z 行列, Y 行列, F 行列のそれぞれの要素のもつ回路特性としての物理的な意味を理解するには，それぞれの要素だけを取り出すことができるように端子対を開放，あるいは短絡することである．各要素の与える特性のうち代表的なものを以下にまとめる．

（a） Z 行列

$$z_{11} = \left(\frac{V_1}{I_1}\right)_{I_2=0} \qquad (10\text{-}6)$$

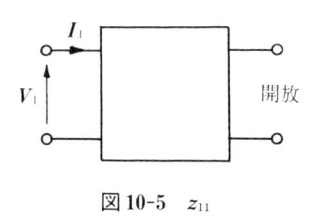

図 10-5 z_{11}

z_{11} は②-②′端子を開放したときの①-①′端子のインピーダンスである．

$$z_{21} = \left(\frac{V_2}{I_1}\right)_{I_2=0} \qquad (10\text{-}7)$$

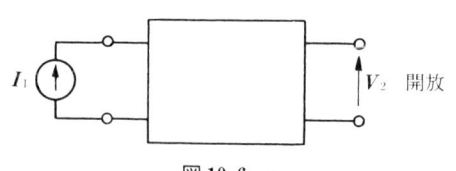

図 10-6 z_{21}

z_{21} は②-②′端子を開放したときの①-①′の電流源から②-②′の電圧への電流-電圧伝達特性である．

(b) Y 行列

$$y_{11} = \left(\frac{I_1}{V_1}\right)_{V_2=0} \tag{10-8}$$

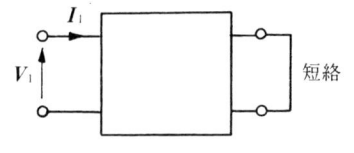

図 10-7 y_{11}

y_{11} は②-②′端子を短絡したときの①-①′端子のアドミタンスである．

この定義から，y_{11} は①-①′端子のアドミタンスであるにもかかわらず，②-②′端子の条件により $1/z_{11}$ とは異なることがわかる．なお，Z 行列と Y 行列は共に定義できるとき，逆行列の関係，すなわち，

$$Y = Z^{-1} \tag{10-9}$$

が成立する．したがって，行列計算から，$y_{11} = z_{22}/\det Z$ が成り立つ．ここに，$\det Z = z_{11}z_{22} - z_{12}z_{21}$．

$$y_{21} = \left(\frac{I_2}{V_1}\right)_{V_2=0} \tag{10-10}$$

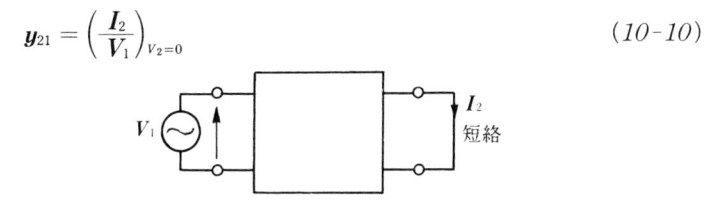

図 10-8 y_{21}

y_{21} は②-②′端子を短絡したときの①-①′の電圧源から②-②′の電流への電圧-電流伝達特性である．

(c) F 行列

$$A = \left(\frac{V_1}{V_2}\right)_{I_2=0} \tag{10-11}$$

図 10-9 A

A は②-②′端子を開放したときの①-①′の電圧から②-②′の電圧への伝達関数である。例えば、図9-7の RC 回路で定義した**電圧伝達関数** $H(j\omega)$ は図9-7の2端子対回路の A パラメータの逆数である(演習問題4参照)。

このように、A の逆数は①-①′から、開放されている端子対②-②′への電圧伝達関数である。

[**例題 10-2**] 図10-10は増幅器の2端子対モデルとして用いられているものである。増幅の機能が従属電圧源 μV_1 (4-4節参照)として表されている。この回路の Z 行列と F 行列を求めなさい。$1/A$ を計算して電圧伝達関数を与えなさい。

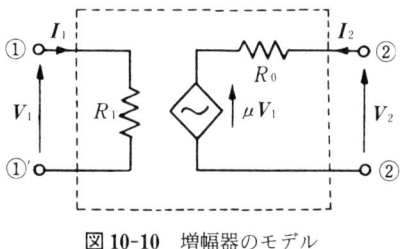

図 10-10 増幅器のモデル

[**解**] ①-①′部分と②-②′部分それぞれのKVLにより、

$$\left.\begin{array}{l} V_1 = R_1 I_1 \\ V_2 = \mu V_1 + R_0 I_2 \end{array}\right\} \quad (10\text{-}12)$$

これより、

$$Z = \begin{bmatrix} R_1 & 0 \\ \mu R_1 & R_0 \end{bmatrix} \quad (10\text{-}13)$$

式(10-12)を書き換えると

$$V_1 = \frac{1}{\mu} V_2 + \frac{R_0}{\mu}(-I_2) \quad (10\text{-}14)$$

$$I_1 = \frac{1}{\mu R_1} V_2 + \frac{R_0}{\mu R_1}(-I_2) \quad (10\text{-}15)$$

なので、

$$F = \begin{bmatrix} 1/\mu, & R_0/\mu \\ 1/\mu R_1, & R_0/\mu R_1 \end{bmatrix} \quad (10\text{-}16)$$

となる。なお、$A = 1/\mu$ より、電圧伝達関数は $A^{-1} = \mu$ である。

（3） 2端子対回路の縦続接続と F 行列

図 10-11 のようにそれぞれの F 行列が F_1, F_2 である2端子対回路を縦続に接続して一つの2端子対回路と考えたときの F 行列は積

$$F = F_1 F_2 \qquad (10\text{-}17)$$

で与えられる．回路の設計においてはこのような**縦続接続**がよく用いられる．そのために F 行列は便利なパラメータである．

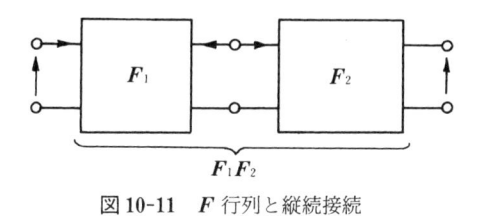

図 10-11　F 行列と縦続接続

10-3　変成器

抵抗，インダクタ，キャパシタ等，回路を構成する素子はこれまで，従属電源を別として1端子対素子であった．しかし，以下に述べる二つのコイルを電磁的に結合した**変成器**（変圧器，トランスとも呼ばれる）のように2端子対回路として与えられる回路素子もある．

変成器は電圧，電流の大きさの変更等に用いられる素子，あるいは機器と呼ぶべき装置で，電力システムや通信システムで重要な役割を持っている．

（1）　変成器の基本式

図 10-12 に示すように電磁的結合のある二つのコイルよりなる変成器について考えよう．通常，変成器では互いの電流の発生する磁束が他のコイルにすべて鎖交するように鉄芯などに導線が巻かれる．

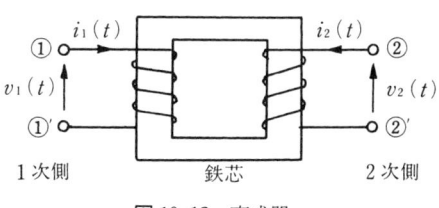

図 10-12　変成器

通常，電源の接続される端子対（ここでは，①-①'とする）を1次側，負荷の接続される端子対（②-②'）を2次側，それぞれのコイルを1次コイル，2次コイルと呼ぶ．図において，1次コイル，2次コイルに流れる電流 $i_1(t)$，$i_2(t)$ によりそれぞれの端子に発生する電圧を求めてみよう．電流 $i_1(t)$ の変化により，コイル1自身の自己インダクタンス L_1 により逆起電力

$$L_1 \frac{di_1(t)}{dt}$$

が発生する．一方，$i_1(t)$ による磁束がコイル2に鎖交し，それが変化することで起電力

$$M \frac{di_1(t)}{dt}$$

が発生する．ここで，M は異なるコイル間での電流の変化と発生電圧の関係を与えるインダクタンスと同じ単位をもつ比例定数で，相互インダクタンス（単位：H，ヘンリー）という．また，二つのコイルの巻き方により，M は正負の符号を取りうる．以上と同じ現象がコイル2を流れる電流 i_2 によっても起きているので，それらを合わせると，変成器のポート電流，電圧間の基本関係式が次式で与えられる．

$$v_1(t) = L_1 \frac{di_1(t)}{dt} + M \frac{di_2(t)}{dt} \qquad (10\text{-}18)$$

$$v_2(t) = M \frac{di_1(t)}{dt} + L_2 \frac{di_2(t)}{dt} \qquad (10\text{-}19)$$

この関係式を正弦波定常状態におけるフェザー表示に書き換えると，

$$\left. \begin{array}{l} \boldsymbol{V}_1 = j\omega L_1 \boldsymbol{I}_1 + j\omega M \boldsymbol{I}_2 \\ \boldsymbol{V}_2 = j\omega M \boldsymbol{I}_1 + j\omega L_2 \boldsymbol{I}_2 \end{array} \right\} \qquad (10\text{-}20)$$

となる．これから，変成器の $\boldsymbol{Z}$ 行列が

$$\boldsymbol{Z} = \begin{bmatrix} j\omega L_1, & j\omega M \\ j\omega M, & j\omega L_2 \end{bmatrix} \qquad (10\text{-}21)$$

であることがわかる．

（2）理想変成器

1次側の電流の作る磁束がすべて2次側のコイルに鎖交するとき，変成器は

密結合であると呼び，電磁気学の知識から，相互インダクタンスとそれぞれのコイルの自己インダクタンス間に

$$M^2 = L_1 L_2 \tag{10-23}$$

が成立する．密結合変成器では，1次側と2次側における電圧比が一定であることを明らかにできる．式(10-20)と式(10-22)の関係，$M/L_1 = L_2/M$ を用いると，

$$\frac{V_1}{V_2} = \frac{j\omega L_1 I_1 + j\omega M I_2}{j\omega M I_1 + j\omega L_2 I_2} = \frac{L_1(j\omega I_1 + j\omega M/L_1 I_2)}{M(j\omega I_1 + j\omega L_2/M I_2)} \tag{10-23}$$
$$= L_1/M$$

電磁気学の結果から，L_1/M は

$$a = 1次コイルの巻き数/2次コイルの巻き数$$

と一致する．したがって，

$$V_1 = aV_2 \tag{10-24}$$

が常に成り立つ．

密結合変成器において特に，1次側と2次側のコイルの巻き数を比率 a を一定のままで非常に大きくすると，次の関係式で与えられる**理想変成器**が導入される．

$$\left.\begin{array}{l} V_1 = aV_2 \\ I_1 = -\dfrac{1}{a} I_2 \end{array}\right\} \tag{10-25}$$

このように，理想変圧器は2次側の電圧を a 倍，2次側の電流を a 分の1にする．理想変成器を図 10-13 のような記号で表す．式(10-25)から理想変成器の F 行列は

$$F = \begin{bmatrix} a, & 0 \\ 0, & \dfrac{1}{a} \end{bmatrix} \tag{10-26}$$

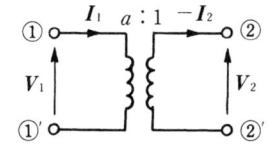

図 **10-13** 理想変成器の記号

であり，インピーダンス行列やアドミタンス行列は存在しない．

（3） 変成器の利用

変成器の最も大事な役割は交流電圧の変換である．1次，2次コイルの巻き数比 a を変えることで，1次側の電圧を a 分の1倍に変換し2次側から取り出すことができる．ただし，電流は電圧と逆の変換となる．

変成器のもう一つの大事な役割はインピーダンスの大きさの変換を行うことである．このことを説明するために，理想変成器の2次側にインピーダンス Z を接続した図 10-14 の回路を考え，①‐①′端子からみたインピーダンス Z_in を求めてみよう．

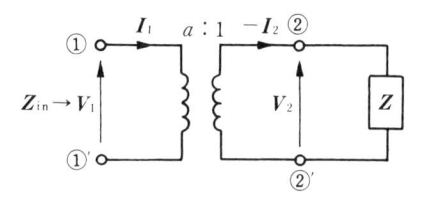

図 10-14 インピーダンス変換

①‐①′からみたインピーダンス Z_in は

$$Z_\text{in} = \frac{V_1}{I_1} = \frac{aV_2}{-(1/a)I_2} = a^2 \frac{V_2}{-I_2} = a^2 Z \qquad (10\text{-}27)$$

このように，巻き線比 a によってインピーダンスの大きさの変換（これを**インピーダンスレベル変換**という）を行うことができる．

[**例題 10-3**] 4-5 節において述べた最大電力の供給に利用される変成器について考えるために，図 10-15 のように，内部抵抗が r の電源に理想変成器

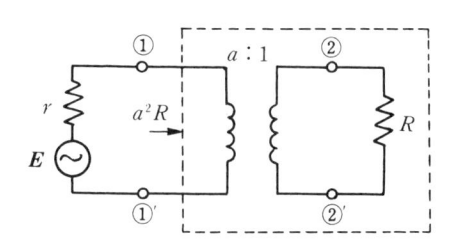

図 10-15 最大電力の供給

を介在して2次側に負荷抵抗 R を接続した．このとき，電源からの最大電力を負荷に供給するためには変成器のパラメータ a をいくらにすればよいか．

［解］すでに4-5節で明らかにしたように，電源から負荷側へ最大の電力を供給するには，電源につながる負荷，この場合は端子①-①′から右側をみた抵抗値が電源の内部抵抗 r と等しくなることである．一方，演習問題7の結果より理想変成器は電力損失がないことから，①-①′から負荷側に供給された電力のすべてが負荷抵抗で消費される．したがって，最大電力供給の条件は，式(10-27)の結果より

$$a^2 R = r \tag{10-28}$$

これから，

$$a = \sqrt{r/R} \tag{10-29}$$

とすればよい．

第10章のまとめ

- 2端子対回路はエネルギーや信号の伝送回路の解析や設計に有効である
- Z，Y，F 等の行列で与えられる2端子対パラメータの定義とその回路特性の意味が明らかにされた．
- F 行列の $(1,1)$ 要素である A の逆数は出力側開放時の電圧伝達関数である．
- 理想変成器の特性は，$V_1 = aV_2$，$I_1 = -(1/a)I_2$ で，電圧と電流の大きさを変換する．
- 変成器はインピーダンスレベルを変更できるので，最大電力の伝送に際しての回路の整合に利用される．

演習問題

1. 例題10-1の結果を用いて図10-4の2端子対回路の Y 行列を求めなさい．
2. 図10-16の回路の Y パラメータを求めなさい．回路は角周波数 ω の定常状態を

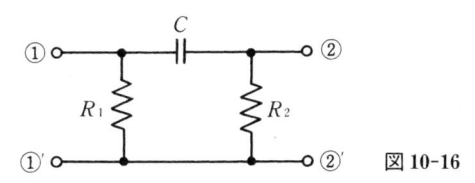

図10-16

考える．

3. Z パラメータと Y パラメータの各要素を F パラメータの要素を用いて表しなさい．

4. 図 9-7 の RC 回路の 2 端子対パラメータ F を求め，その要素 A の逆数が式(9-20)と一致することを確かめなさい．

5. 図 10-10 の増幅器の入力, 出力端子にそれぞれ図 10-17 の電源と負荷を接続した．このときの電圧伝達関数 V_L/V を求めなさい．

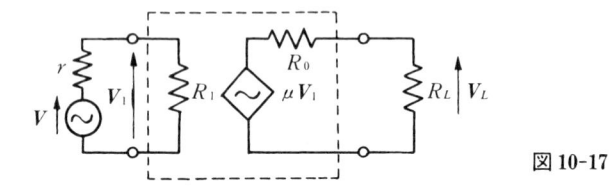

図 10-17

6. 図 10-10 の増幅器モデルを図 10-18 のように 2 段に縦続接続した．
   （1） 全体の F 行列を求めなさい．
   （2） 上の結果から全体の 2 端子対回路の電圧伝達関数（増幅率）を求めなさい．
   （コメント：縦続接続された増幅器の増幅率が必ずしも 1 段の増幅率の 2 乗 μ^2 とはならない）

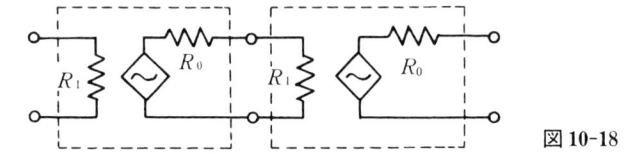

図 10-18

7. 理想変成器において①-①′, ②-②′端子から流入する複素電力の和を計算することで，電力が消費されない 2 端子対回路であることを示しなさい．

8. テレビ受信信号における例として，特性抵抗（説明略）が 300 Ω の線路と 75 Ω の同軸ケーブルを接続する場合に最大電力を供給する目的で変成器を挿入する場合を考える．図 10-19 のような変成器の両側のインピーダンスレベルを合わせるためには理想変成器のパラメータ（巻き数比）a をいくらにすればよいか．

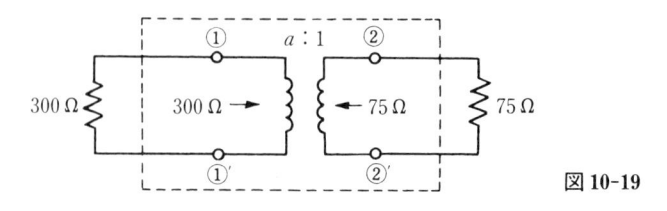

図 10-19

9. 図10-20(a)のように，2次側に LC 直列素子を接続した理想変成器の①-①′端子からみたインピーダンスが，図(b)の LC 直列回路と等価であるという．L_2, C_2 を L_1, C_1 で表しなさい．

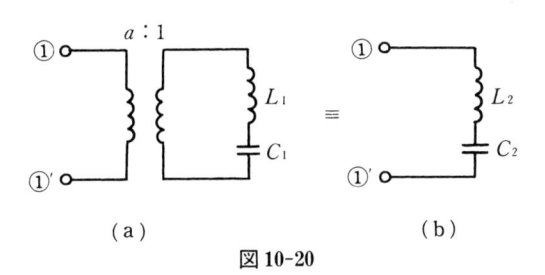

図10-20

付　　録

付録 A　単位と記号

表 A-1　回路の物理量と単位・記号

物理量	本書での記号	単位	単位記号
電気量	q, Q	クーロン	C
電流	i, I	アンペア	A
電圧	v, e, V, E	ボルト	V
電力	p, P	ワット	W
仕事	W	ジュール	J
周波数	f	ヘルツ	Hz
角周波数	ω	ラジアン/秒	rad/s
抵抗	R	オーム	Ω
コンダクタンス	G	ジーメンス	S
インダクタンス	L, M	ヘンリー	H
キャパシタンス	C	ファラッド	F

表 A-2　単位の倍数による量の表示と通常使われる物理量

大きさ	名称	記号	通常使われる量					
10^9	ギガ	G						GHz
10^6	メガ	M			MΩ			MHz
10^3	キロ	k	kA	kV	kΩ			kHz
1			A	V	Ω	F	H	Hz
10^{-3}	ミリ	m	mA	mV	mΩ	mF	mH	
10^{-6}	マイクロ	μ	μA	μV		μF	μH	
10^{-9}	ナノ	n						
10^{-12}	ピコ	p				pF		

付録B 逆行列の計算法

ここでは,連立方程式の逆行列による解析を与える.連立線形方程式

$$\begin{bmatrix} a_{11}, & a_{12} \\ a_{21}, & a_{22} \end{bmatrix} \begin{bmatrix} x_1 \\ x_2 \end{bmatrix} = \begin{bmatrix} c_1 \\ c_2 \end{bmatrix} \quad (B\text{-}1)$$

$$(A_2 x = c)$$

$$\begin{bmatrix} a_{11} & a_{12} & a_{13} \\ a_{21} & a_{22} & a_{23} \\ a_{31} & a_{32} & a_{33} \end{bmatrix} \begin{bmatrix} x_1 \\ x_2 \\ x_3 \end{bmatrix} = \begin{bmatrix} c_1 \\ c_2 \\ c_3 \end{bmatrix} \quad (B\text{-}2)$$

$$(A_3 x = c)$$

の解は逆行列を用いて次のように与えられる.

$$\begin{bmatrix} x_1 \\ x_2 \end{bmatrix} = \begin{bmatrix} a_{11}, & a_{12} \\ a_{21}, & a_{22} \end{bmatrix}^{-1} \begin{bmatrix} c_1 \\ c_2 \end{bmatrix} \quad (B\text{-}3)$$

$$(x = A_2^{-1} c)$$

$$\begin{bmatrix} x_1 \\ x_2 \\ x_3 \end{bmatrix} = \begin{bmatrix} a_{11}, & a_{12}, & a_{13} \\ a_{21}, & a_{22}, & a_{23} \\ a_{31}, & a_{32}, & a_{33} \end{bmatrix}^{-1} \begin{bmatrix} c_1 \\ c_2 \\ c_3 \end{bmatrix} \quad (B\text{-}4)$$

$$(x = A_3^{-1} c)$$

ここで,行列

$$A = [a_{ij}]$$

の逆行列 A^{-1} を計算する公式を与え,2次と3次の線形方程式の解の表示を示す.

一般に次式が成立することが知られている.

$$A^{-1} = \frac{[A_{ij}]^T}{\det A} \quad (B\text{-}5)$$

ここに,T は行列の転置,$\det A$ は行列 A の行列式,A_{ij} は行列 A の余因子で次式で定義される.

$$A_{ij} = (-1)^{i+j} \det D_{ij} \quad (B\text{-}6)$$

D_{ij}:行列 A から i 行,j 列を取り去った行列である.
この公式にしたがって,式(B-3),(B-4)の逆行列を求めると,

$$\begin{bmatrix} a_{11}, & a_{12} \\ a_{21}, & a_{22} \end{bmatrix}^{-1} = \frac{\begin{bmatrix} a_{22} & -a_{12} \\ -a_{21} & a_{11} \end{bmatrix}}{\det \boldsymbol{A}_2} \qquad (B\text{-}7)$$

ここに，

$$\det \boldsymbol{A}_2 = \det \begin{bmatrix} a_{11} & a_{12} \\ a_{21} & a_{22} \end{bmatrix} = a_{11}a_{22} - a_{12}a_{21} \qquad (B\text{-}8)$$

$$\begin{bmatrix} a_{11}, & a_{12}, & a_{13} \\ a_{21}, & a_{22}, & a_{23} \\ a_{31}, & a_{32}, & a_{33} \end{bmatrix}^{-1} = \frac{\begin{bmatrix} A_{11} & A_{21} & A_{31} \\ A_{12} & A_{22} & A_{32} \\ A_{13} & A_{23} & A_{33} \end{bmatrix}}{\det \boldsymbol{A}_3} \qquad (B\text{-}9)$$

ここに，

$$\begin{aligned}\det \boldsymbol{A}_3 &= \det \begin{bmatrix} a_{11} & a_{12} & a_{13} \\ a_{21} & a_{22} & a_{23} \\ a_{31} & a_{32} & a_{33} \end{bmatrix} \\ &= a_{11}a_{22}a_{33} + a_{12}a_{23}a_{31} + a_{21}a_{32}a_{13} \\ &\quad - a_{13}a_{22}a_{31} - a_{12}a_{21}a_{33} - a_{23}a_{32}a_{11} \end{aligned} \qquad (B\text{-}10)$$

$$A_{11} = \det \begin{bmatrix} a_{22} & a_{23} \\ a_{32} & a_{33} \end{bmatrix}, \quad A_{21} = -\det \begin{bmatrix} a_{12} & a_{13} \\ a_{32} & a_{33} \end{bmatrix}, \quad A_{31} = \det \begin{bmatrix} a_{12} & a_{13} \\ a_{22} & a_{23} \end{bmatrix}$$

$$A_{12} = -\det \begin{bmatrix} a_{21} & a_{23} \\ a_{31} & a_{33} \end{bmatrix}, \quad A_{22} = \det \begin{bmatrix} a_{11} & a_{13} \\ a_{31} & a_{33} \end{bmatrix}, \quad A_{32} = -\det \begin{bmatrix} a_{11} & a_{13} \\ a_{21} & a_{23} \end{bmatrix}$$

$$A_{13} = \det \begin{bmatrix} a_{21} & a_{22} \\ a_{31} & a_{32} \end{bmatrix}, \quad A_{23} = -\det \begin{bmatrix} a_{11} & a_{12} \\ a_{31} & a_{32} \end{bmatrix}, \quad A_{33} = \det \begin{bmatrix} a_{11} & a_{12} \\ a_{21} & a_{22} \end{bmatrix}$$

$$(B\text{-}11)$$

付録 C　線形定係数微分方程式の解法（1 階，2 階の微分方程式）

C-1　1 階線形定係数微分方程式の解法

$$\frac{dx(t)}{dt} + ax(t) = f(t) \qquad (t \geqq 0) \qquad (C\text{-}1)$$

付録C　線形定係数微分方程式の解法　**161**

［1］　同次方程式の解
$$\frac{dx(t)}{dt} + ax(t) = 0 \tag{C-2}$$
の解は
$$x(t) = ce^{-at} \quad (c：任意の定数) \tag{C-3}$$
これを一般解という．

［2］　非同次方程式 $(C\text{-}1)$ の解

$(C\text{-}1)$ は
$$\frac{d}{dt}(x(t)e^{at}) = e^{at}f(t) \tag{C-4}$$
と書けるので，両辺を積分することで
$$x(t) = e^{-at}\int_0^t e^{a\tau}f(\tau)\,d\tau + ce^{-at} \tag{C-5}$$
第2項は同次方程式の解（一般解）$(C\text{-}3)$ である．第1項はこれに対して特殊解とよばれ非同次方程式 $(C\text{-}1)$ の一つの解となっている．線形微分方程式はこのように，一つの特殊解に一般解を加えたものが解となる．なお，一般解に含まれる任意定数 c は微分方程式の初期条件によって決まる．

［**例題 C-1**］　微分方程式
$$\frac{dx(t)}{dt} + 2x(t) = E \quad (E：一定値,\ t \geqq 0) \tag{C-6}$$
が初期条件，$x(0) = 0$ を満たすときの解を求めなさい．

［**解**］　この微分方程式は $(C\text{-}1)$ において，$a = 2$，$f(t) = E$ なので，これを式 $(C\text{-}5)$ に代入すると，
$$\begin{aligned}x(t) &= e^{-2t}\int_0^t Ee^{2\tau}\,d\tau + ce^{-2t}\\&= E/2\,(1 - e^{-2t}) + ce^{-2t}\end{aligned} \tag{C-7}$$
となる．初期条件より
$$c = 0, \tag{C-8}$$
となるので，求める解は
$$x(t) = \frac{E}{2}(1 - e^{-2t}) \tag{C-9}$$

C-2　2階線形定係数微分方程式の解法

$$\frac{d^2 x(t)}{dt^2} + a\frac{dx(t)}{dt} + bx(t) = f(t) \tag{C-10}$$

[1]　同次方程式の解

$$\frac{d^2 x(t)}{dt^2} + a\frac{dx(t)}{dt} + bx(t) = 0 \tag{C-11}$$

の解（これを $x_c(t)$ とおく）について考える．指数関数 $e^{\lambda t}$ を解の候補とすると，λ は

$$\lambda^2 + a\lambda + b = 0 \tag{C-12}$$

を満たす．これを特性方程式という．この解は

$$\lambda_1 = \frac{-a + \sqrt{a^2 - 4b}}{2}, \quad \lambda_2 = \frac{-a - \sqrt{a^2 - 4b}}{2} \tag{C-13}$$

である．一般に λ は複素数であるので，係数 a, b により λ_1, λ_2 を分類した上で一般解の表現を求めることが必要である．

（i）　$a^2 > 4b$ のとき，λ_1, λ_2 が異なる実数値となる場合

このとき，特性方程式の解は

$$\left.\begin{array}{l} p_1 = (-a + \sqrt{a^2 - 4b})/2 \\ p_2 = (-a - \sqrt{a^2 - 4b})/2 \end{array}\right\} \tag{C-14}$$

で与えられる．二つの解 $e^{p_1 t}$, $e^{p_2 t}$ の線形結合として一般解は

$$x_c(t) = A e^{p_1 t} + B e^{p_2 t} \tag{C-15}$$

となる．ここに，A, B は任意定数．

（ii）　$a^2 = 4b$ のとき，λ_1, λ_2 が等しい実数値となる場合

特性方程式の解は

$$\lambda = -a/2 \quad (\triangleq p) \tag{C-16}$$

となる．このとき，e^{pt} だけではなく，

$$t e^{pt} \tag{C-17}$$

も同次方程式 (C-11) の解となっていることがわかるので，一般解はこれらの線形結合として

$$x_c(t) = (A + Bt) e^{pt} \tag{C-18}$$

となる．ここに，A, B は任意定数．

(iii) $a^2 < 4b$ のとき，λ_1，λ_2 が複素数となる場合

特性方程式の解は

$$\lambda_1 = \frac{-a + j\sqrt{4b - a^2}}{2}, \quad \lambda_2 = \frac{-a - j\sqrt{4b - a^2}}{2} \quad (C\text{-}19)$$

となる．そこで，

$$\left.\begin{array}{l} \alpha = -a/2 \\ \beta = \sqrt{4b - a^2}/2 \end{array}\right\} \quad (C\text{-}20)$$

とおき，簡単化すると，

$$\lambda_1 = \alpha + j\beta, \quad \lambda_2 = \alpha - j\beta$$

同次方程式の二つの解

$$e^{\lambda_1 t} = e^{(\alpha+j\beta)t}, \quad e^{\lambda_2 t} = e^{(\alpha-j\beta)t} \quad (C\text{-}21)$$

は複素数値をとるので，これらの線形結合から新たに実数値をとる解に変換する．

オイラーの公式

$$e^{jX} = \cos X + j \sin X$$

より，

$$\left.\begin{array}{l} e^{\lambda_1 t} = e^{\alpha t}(\cos \beta t + j \sin \beta t) \\ e^{\lambda_2 t} = e^{\alpha t}(\cos \beta t - j \sin \beta t) \end{array}\right\} \quad (C\text{-}22)$$

である．これらの線形結合

$$\left.\begin{array}{l} (e^{\lambda_1 t} + e^{\lambda_2 t})/2 = e^{\alpha t} \cos \beta t \\ (e^{\lambda_1 t} - e^{\lambda_2 t})/2j = e^{\alpha t} \sin \beta t \end{array}\right\} \quad (C\text{-}23)$$

も同じ方程式の解となる．そこでこれらの線形結合として一般解は

$$x_c(t) = e^{\alpha t}(A \cos \beta t + B \sin \beta t) \quad (C\text{-}24)$$

で与えられる．ここに，A，B は任意定数である．

[2] 非同次方程式(C-10)の解

線形微分方程式の解は，すでに与えた一般解 $x_c(t)$ に特殊解（これを $x_p(t)$ とおく）を加えたものとなる．したがって，特殊解の求め方が課題となるが一般論の展開は複雑なので，式(C-10)右辺 $f(t)$ を特別な関数に限ることにす

る．

- $f(t) = E$ （一定値）　　$x_p(t) = K$ とおき，式$(C\text{-}10)$に代入することで
$$K = E/b$$
- $f(t) = n$ 次多項式　　$x_p(t) = n$ 次多項式とおき，これを式$(C\text{-}10)$に代入して多項式の係数を決める．
- $f(t) = e^{mt}$　　$x_p(t) = Ke^{mt}$ とおき，これを式$(C\text{-}10)$に代入して
$$K = \frac{E}{m^2 + am + b}$$
- $f(t) = \sin(\omega t + \theta)$　　$x_p(t) = K\cos\omega t + L\sin\omega t$ とおき，式$(C\text{-}10)$を満たすように係数 K, L を決める．

[3] 初期条件による解の決定

微分方程式$(C\text{-}10)$の解
$$x(t) = x_c(t) + x_p(t) \qquad (C\text{-}25)$$
への初期条件は多くの場合
$$x(0) = M, \quad \dot{x}(0) = N$$
で与えられることが多い．そこで，これらを式$(C\text{-}25)$に代入して一般解 $x_c(t)$ に含まれる未定係数 A, B を決定する．これについては本文中6章に具体例が示されている．

付録D　三角関数の公式

(1)　　$\sin(-x) = -\sin x$
　　　　$\cos(-x) = \cos x$
　　　　$\tan(-x) = -\tan x$

(2)　　$\sin(x \pm y) = \sin x \cos y \pm \cos x \sin y$
　　　　$\cos(x \pm y) = \cos x \cos y \mp \sin x \sin y$
　　　　$2\sin x \sin y = \cos(x - y) - \cos(x + y)$
　　　　$2\cos x \cos y = \cos(x + y) + \cos(x - y)$
　　　　$2\sin x \cos y = \sin(x + y) + \sin(x - y)$

(3)　　$\sin 2x = 2\sin x \cos x$

$$\cos 2x = 1 - 2\sin^2 x = 2\cos^2 x - 1$$
$$\sin^2 x = (1 - \cos 2x)/2$$
$$\cos^2 x = (1 + \cos 2x)/2$$
$$\sin^3 x = (3\sin x - \sin 3x)/4$$
$$\cos^3 x = (3\cos x + \cos 3x)/4$$

(4) $\quad A\sin x + B\cos x = \sqrt{A^2 + B^2}\sin(x + \theta)$

$$\cos\theta = \frac{A}{\sqrt{A^2 + B^2}}$$
$$\sin\theta = \frac{B}{\sqrt{A^2 + B^2}}$$
$$\tan\theta = \frac{B}{A}$$

演習問題解答

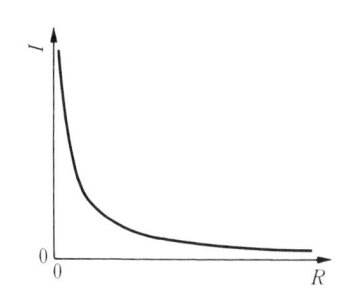

第 1 章
1. $I = E/R$ より

2. （1） $6/(3 \times 10^{-3}) = 2 \times 10^3 \Omega = 2\text{k}\Omega$
   （2） $6/(2 \times 10^{-6}) = 3 \times 10^6 \Omega = 3\text{M}\Omega$
3. 式(1-14)より, $P_1 = 81/(1 \times 10^3) = 81 \times 10^{-3}\text{W} = 81\text{mW}$
   $P_2 = 9/(1 \times 10^3) = 9 \times 10^{-3}\text{W} = 9\text{mW}$
   式(1-15)より $W = (81 + 9 \times 2)\text{mJ} = 99\text{mJ}$ ［ミリジュール］
4. $10 \times 10^3 \times I_{\max}^2 = 1$, $V_{\max}^2/(10 \times 10^3) = 1$ より $I_{\max} = 10^{-2}$
   $= 0.01\text{A}$, $V_{\max} = 10^2 = 100\text{V}$

第 2 章
1. KVL より
   $$E_1 + E_2 = R_1 I + R_2 I + R_3 I = (R_1 + R_2 + R_3)I$$
   $I = (E_1 + E_2)/(R_1 + R_2 + R_3)$
2. $V_c = E_3$ より $V_a = E_1 + E_3$, $V_b = E_3 - E_2$
   $V_{ab} = V_a - V_b = E_1 + E_2$
3. $R_1 I_1 = R_2 I_2 = R_3 I_3$ より $I_1 : I_2 : I_3 = 1/R_1 : 1/R_2 : 1/R_3$ なので整数比で表わすと,

$I_1 : I_2 : I_3 = 3 : 2 : 1$

4. 節点 a　$J_1 - I_2 + J_3 - I_4 = 0$
　　節点 b　$-J_3 + I_4 - I_5 = 0$
　　節点 c　$-J_1 + I_2 + I_5 = 0$
5. $I = 2E/(R+r)$
6. 回路を流れる電流は $I = E/(R+r)$ なので
$$\eta = \frac{RI^2}{EI} = \frac{RI}{E} = \frac{R}{R+r} \geqq 0.98$$
より
$$r \leqq 0.02R/0.98 \fallingdotseq 0.0204R \ [\Omega]$$

第 3 章

1. 図のように枝電圧を定める
　② $V_1 = R_1(i_a - i_c)$
　　$V_2 = R_2(i_b - i_c)$
　　$V_3 = R_3(i_a - i_b)$
　　$V_4 = R_4 i_c$
　③ ループ a の KVL
　　　$E_1 - V_1 - V_3 = 0$
　　ループ b の KVL
　　　$V_3 - V_2 - E_2 = 0$
　　ループ c の KVL
　　　$V_1 + V_2 - V_4 = 0$
　②の関係式を代入し整理すると
$$\begin{bmatrix} R_1 + R_3 & -R_3 & -R_1 \\ R_3 & -(R_3 + R_2) & R_2 \\ R_1 & R_2 & -(R_1 + R_2 + R_4) \end{bmatrix} \begin{bmatrix} i_a \\ i_b \\ i_c \end{bmatrix} = \begin{bmatrix} E_1 \\ E_2 \\ 0 \end{bmatrix}$$

ここで，$R_1 = R_2 = R_3 = R_4 = 1$ を代入すると
$$\begin{bmatrix} 2 & -1 & -1 \\ 1 & -2 & 1 \\ 1 & 1 & -3 \end{bmatrix} \begin{bmatrix} i_a \\ i_b \\ i_c \end{bmatrix} = \begin{bmatrix} E_1 \\ E_2 \\ 0 \end{bmatrix}$$

④ $$\begin{bmatrix} i_a \\ i_b \\ i_c \end{bmatrix} = \begin{bmatrix} 2 & -1 & -1 \\ 1 & -2 & 1 \\ 1 & 1 & -3 \end{bmatrix}^{-1} \begin{bmatrix} E_1 \\ E_2 \\ 0 \end{bmatrix}$$

（付録式 (B-9) より）

$$= \frac{1}{3}\begin{bmatrix} 5 & -4 & -3 \\ 4 & -5 & -3 \\ 3 & -3 & -1 \end{bmatrix}\begin{bmatrix} E_1 \\ E_2 \\ 0 \end{bmatrix} = \frac{1}{3}\begin{bmatrix} 5E_1 - 4E_2 \\ 4E_1 - 5E_2 \\ 3E_1 - 3E_2 \end{bmatrix}$$

$i_a = \dfrac{1}{3}(5E_1 - 4E_2), \ i_b = \dfrac{1}{3}(4E_1 - 5E_2), \ i_c = E_1 - E_2$

2. 図のように枝電圧を定める

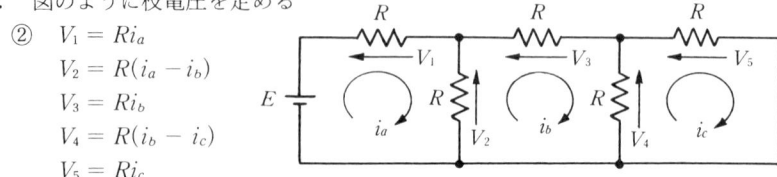

② $V_1 = Ri_a$
$V_2 = R(i_a - i_b)$
$V_3 = Ri_b$
$V_4 = R(i_b - i_c)$
$V_5 = Ri_c$

③ ループ a の KVL　　$E - V_1 - V_2 = 0$
ループ b の KVL　　$V_2 - V_3 - V_4 = 0$
ループ c の KVL　　$V_4 - V_5 = 0$

②の関係式を代入して整理すると

$$\begin{bmatrix} 2R & -R & 0 \\ R & -3R & R \\ 0 & R & -2R \end{bmatrix}\begin{bmatrix} i_a \\ i_b \\ i_c \end{bmatrix} = \begin{bmatrix} E \\ 0 \\ 0 \end{bmatrix}$$

④ $\begin{bmatrix} i_a \\ i_b \\ i_c \end{bmatrix} = \begin{bmatrix} 2R & -R & 0 \\ R & -3R & R \\ 0 & R & -2R \end{bmatrix}^{-1}\begin{bmatrix} E \\ 0 \\ 0 \end{bmatrix}$

$$= \frac{1}{8R}\begin{bmatrix} 5 & -2 & -1 \\ 2 & -4 & -2 \\ 1 & -2 & -5 \end{bmatrix}\begin{bmatrix} E \\ 0 \\ 0 \end{bmatrix} = \frac{E}{8R}\begin{bmatrix} 5 \\ 2 \\ 1 \end{bmatrix}$$

$i_a = 5E/8R, \ i_b = E/4R, \ i_c = E/8R$

3. 図のように枝電流を定める

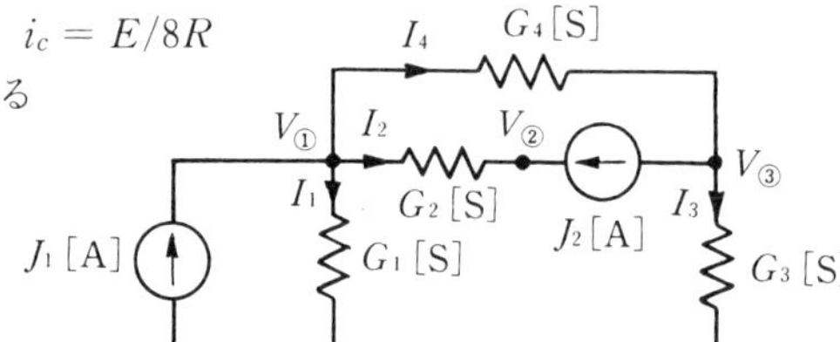

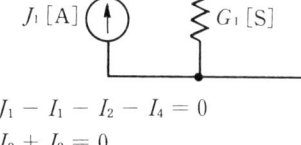

② $I_1 = G_1 V_①$
$I_2 = G_2(V_① - V_②)$
$I_3 = G_3 V_③$
$I_4 = G_4(V_① - V_③)$

③ 節点①の KCL　　$J_1 - I_1 - I_2 - I_4 = 0$
節点②の KCL　　$J_2 + I_2 = 0$
節点③の KCL　　$-J_2 - I_3 + I_4 = 0$

②の関係式を代入し，整理すると

$$\begin{bmatrix} (G_1+G_2+G_4) & -G_2 & -G_4 \\ -G_2 & G_2 & 0 \\ G_4 & 0 & -(G_3+G_4) \end{bmatrix} \begin{bmatrix} V_① \\ V_② \\ V_③ \end{bmatrix} = \begin{bmatrix} J_1 \\ J_2 \\ J_2 \end{bmatrix}$$

ここで，$G_1=G_2=G_3=G_4=1$ を代入すると

$$\begin{bmatrix} 3 & -1 & -1 \\ -1 & 1 & 0 \\ 1 & 0 & -2 \end{bmatrix} \begin{bmatrix} V_① \\ V_② \\ V_③ \end{bmatrix} = \begin{bmatrix} J_1 \\ J_2 \\ J_2 \end{bmatrix}$$

④ $\begin{bmatrix} V_① \\ V_② \\ V_③ \end{bmatrix} = \begin{bmatrix} 3 & -1 & -1 \\ -1 & 1 & 0 \\ 1 & 0 & -2 \end{bmatrix}^{-1} \begin{bmatrix} J_1 \\ J_2 \\ J_2 \end{bmatrix}$

$$= \frac{1}{3}\begin{bmatrix} 2 & 2 & -1 \\ 2 & 5 & -1 \\ 1 & 1 & -2 \end{bmatrix}\begin{bmatrix} J_1 \\ J_2 \\ J_2 \end{bmatrix} = \frac{1}{3}\begin{bmatrix} 2J_1+J_2 \\ 2J_1+4J_2 \\ J_1-J_2 \end{bmatrix}$$

$V_① = \dfrac{1}{3}(2J_1+J_2),\quad V_② = \dfrac{2}{3}(J_1+2J_2),\quad V_③ = \dfrac{1}{3}(J_1-J_2)$

4. 図のように枝電流と節点電圧 $V_③$ を定める

② $I_1 = V_③ - V_①$
　$I_2 = V_③ - V_②$
　$I_3 = V_① - V_②$
　$I_4 = V_①/R$
　$I_5 = V_②/2$

③ 節点①の KCL　　$I_1 - I_3 - I_4 = 0$
　節点②の KCL　　$I_2 + I_3 - I_5 = 0$
　節点③の KCL　　$J - I_1 - I_2 = 0$

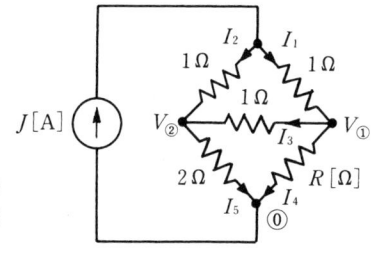

②の関係を代入し整理すると

$-(2+1/R)V_① + V_② + V_③ = 0$
$V_① - (5/2)V_② + V_③ = 0$
$-V_① - V_② + 2V_③ = J$

ここでは $V_①$，$V_②$ のみを求めるために
(第1式) − (第2式)：$-(3+1/R)V_① + (7/2)V_② = 0$
(第3式) − (第2式) × 2：$-3V_① + 4V_② = J$

これから $V_① = 7RJ/(3R+8),\quad V_② = 2(3R+1)J/(3R+8)$

この結果から $V_① = V_②$ となるためには $R = 2$．

5. 図のようにループ電流と枝電圧を定める

② $V_1 = R_1 i_a$
　$V_2 = R_2 i_b$
　$V_3 = R_3(i_a + i_b)$
　V_4 は未知数，$i_b = J$
③ ループ a の KVL：
　$E - V_1 - V_3 = 0$
　ループ b の KVL：
　$V_4 - V_2 - V_3 = 0$
②の関係を代入すると
$$(R_1 + R_3)i_a + R_3 i_b = E$$
$$-R_3 i_a - (R_2 + R_3)i_b + V_4 = 0$$
$i_b = J, R_1 = R_2 = R_3 = 1$ を代入し，未知数 i_a, V_4 の方程式を求める
$$\begin{cases} 2i_a = E - J \\ -i_a + V_4 = 2J \end{cases}$$
よって
$$i_a = (E - J)/2, \quad V_4 = (E + 3J)/2$$
$$V_② = V_3 = i_a + J = (E + J)/2, \quad V_③ = V_4 = (E + 3J)/2$$
式(3-33)と一致する

6. ① $J_2 = 0$ のとき回路と各枝電流は図のとおり
　$V_② = J_1/2G, \quad V_① = V_② + J_1/G = 3J_1/2G$

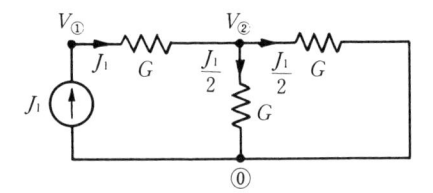

② $J_1 = 0$ のとき回路と各枝電流は図のとおり
　$V_② = J_2/2G, \quad V_① = V_② = J_2/2G$

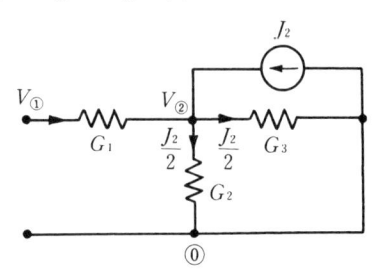

③ 両者の和が解となるので，
$$V_① = (3J_1 + J_2)/2G, \quad V_② = (J_1 + J_2)/2G$$
7. 重ね合せの定理を用いる
 ① 右側の電源電圧がゼロのときはすでに演習問題2で解を求めているので，
$$i_a = 5E/8R, \quad i_b = E/4R, \quad i_c = E/8R$$
 ② 左側の電源電圧がゼロのときは回路の左右が逆となり電圧が$2E$となっただけなので
$$i_a = E/4R, \quad i_b = -E/2R, \quad i_c = -5E/4R$$
 ③ 両者の和が解となるので
$$i_a = 3E/8R, \quad i_b = -E/4R, \quad i_c = -9E/8R$$

第4章

1. 電流源を変換すると
$$V = (E - 2J)/4$$

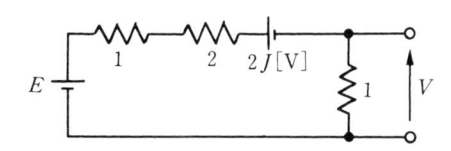

2. 電圧源→電流源→電圧源の変換をくり返すと，$V/E = 1/13$
3. テブナンの定理より等価電圧源は
$$i = 5/3(2/3 + R) = 5/(2 + 3R)$$

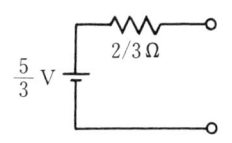

4.

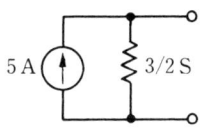

5. ループ解析より
$$\begin{cases} 4i_a - 2i_b = E \\ -2 \times 6 i_a + (2 \times 6 + 3)i_b = 0 \end{cases}$$
$$i_b = \frac{2 \times 6}{6 + 3} \cdot \frac{E}{4} = \frac{E}{3}$$
$$V = 2i_b = 2E/3$$

6. a，b 端子から電源側をみたときの等価電圧源をテブナンの定理から求める．a，b 開放時の b 点の電圧は $E/3$，a 点の電圧は $E/2$．よって a，b 間の電圧は $E/6$．電圧源 E を短絡したときの a，b 間の抵抗は $7/6\Omega$．
$R = 7/6\Omega$ のとき最大で，最大電力は $E^2/168$

第5章
1. $5C/8$
2. キャパシタ C 両端の a，b 端子において C 以外の部分の回路をテブナンの定理によって簡単にすると，下図のとおりである
これより $C \leq (13/15) \times 10^{-9} \fallingdotseq 867\text{pF}$

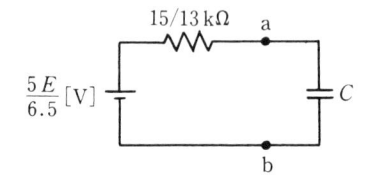

```
        15/13 kΩ      a
  ┌───/\/\/──────●
  │                    │
5E/6.5 [V]             ═══ C
  │                    │
  └──────────────●
                       b
```

3.

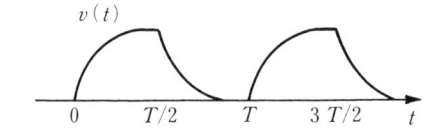

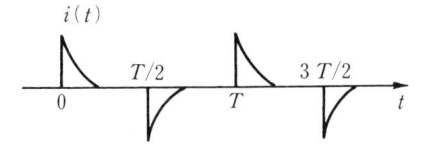

（波形図：$v(t)$ と $i(t)$ が $0, T/2, T, 3T/2$ の区間で示されている）

4. （1） $i(t) = C\,dv(t)/dt + v(t)/R_2$ より
$$R_1 C \frac{dv(t)}{dt} + \left(\frac{R_1}{R_2} + 1\right)v(t) = E$$
（2） $v(t) = \dfrac{E}{1+(R_1/R_2)}\{1 - e^{-(1+R_1/R_2)t/R_1 C}\}$

5.

（波形図：$v(t)$ が 0 から T_1 まで正に増加し，T_1 から T_2 で負となる）

6. $\dfrac{(r+R_1+R_2)L}{R_2(r+R_1)}$

7. （1） $L\left(\dfrac{R_1+R_2}{R_2}\right)\dfrac{di(t)}{dt}+R_1 i(t)=E$

   （2） $i(t)=\dfrac{E}{R_1}\{1-e^{-\frac{R_1 R_2}{L(R_1+R_2)}t}\}$

   （3） $i(t)=\dfrac{E}{R_1}e^{-\frac{2R_2}{L}t}$

8. 式(5-42)，(5-43) より
$$p_L(t)=\dfrac{E^2}{R}\{e^{-\frac{R}{L}t}-e^{-\frac{2R}{L}t}\}$$
$$\dfrac{dp_L(t)}{dt}=\dfrac{E^2}{R}\{-\dfrac{R}{L}e^{-\frac{R}{L}t}+2\dfrac{R}{L}e^{-\frac{2R}{L}t}\}=0 \text{ より}$$
$$e^{-\frac{R}{L}t}=2e^{-\frac{2R}{L}t},\quad t=(L/R)\ln 2$$
$$\fallingdotseq 1.4\times 10^{-5}\text{s}=14\mu\text{s}$$
蓄積エネルギーは式(5-53) より
$$2\times 10^{-3}\times 10^2/2=10^{-1}\text{J}$$

第6章

1. C 枝を開放，L 枝を短絡することから
$$R_3 E/(R_1+R_3)$$

2. 初期条件 $Cv_C(0)=q(0)=0$，$i(0)=I_s$ を式(6-17)の代りに用いる．
$$v_C(t)=(I_s/C\omega_0)\sin\omega_0 t$$
$$i(t)=I_s\cos\omega_0 t$$

3. （1） $RC\dot v_1=E-2v_1+v_2,\ RC\dot v_2=v_1-v_2$ より第2の等式を微分し，v_1 を消去することで与えられる．

   （2） $\tau^2\lambda^2+3\tau\lambda+1=0$，解 $\lambda_1=(-3+\sqrt{5})/2\tau,\ \lambda_2=(-3-\sqrt{5})/2\tau$

   （3） $Ae^{\lambda_1 t}+Be^{\lambda_2 t}+E$

   （4） $v_2(t)=AEe^{\lambda_1 t}+BEe^{\lambda_2 t}$
   ここに $A=(-3-\sqrt{5})/2\sqrt{5},\ B=(3-\sqrt{5})/2\sqrt{5}$

4. （1） $R/2L<1/\sqrt{LC}$ なので減衰振動の結果を用いる．
   $\alpha=1,\ \beta=2,\ \theta=\tan^{-1}2$ を式(6-46)に代入する．
   $$v_C(t)=(V_0\sqrt{5}/2)e^{-t}\sin(2t+\theta)$$

   （2） $R/2L>1/\sqrt{LC}$ なので非振動の結果を用いる
   $p_1=-1,\ p_2=-2$ を式(6-40)に代入する
   $$v_C(t)=V_0(2e^{-t}-e^{-2t})$$

5. $v_C(t)=\dfrac{E}{p_2-p_1}\{p_1 e^{p_2 t}-p_2 e^{p_1 t}\}+E$

第7章

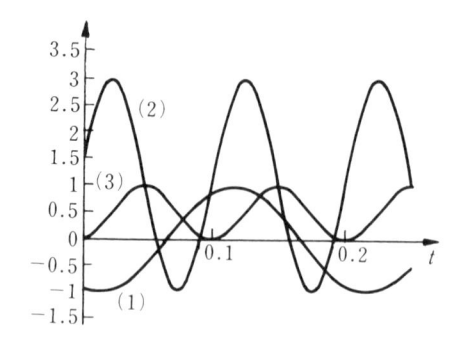

1.

2. $10^4\pi V$

3. （1） $A(\sqrt{3}+j)/2$, $A\angle\pi/6$
   （2） $A(1+j)/\sqrt{2}$, $A\angle\pi/4$
   （3） $A(\cos\omega t_0 - j\sin\omega t_0)$, $A\angle -\omega t_0$

4. （1） $10\sin(\omega t+\pi/3)$ （2） $2\sin(\omega t+\pi/3)$
   （3） $\sin(\omega t-\pi/3)$ （4） $-10\sin\omega t$

5. （1） $\sqrt{2}A\sin(\omega t-\pi/2)$ （2） $2\sin(\omega t-2\pi/3)$

6. （1） $2\omega^2\sin(\omega t+\pi)$
   （2） $2\sqrt{1+(1/\omega)^2}\sin(\omega t+\theta)$, $\theta=-\tan^{-1}(1/\omega)$

第8章

1. $\omega=\sqrt{3}R/L$

2. $R\cdot\dfrac{2+(\omega CR)^2}{1+(\omega CR)^2} - j\dfrac{\omega CR^2}{1+(\omega CR)^2}$ （直交座標表示）

   $R\dfrac{\sqrt{4+(\omega CR)^2}}{\sqrt{1+(\omega CR)^2}}e^{j\{\tan^{-1}(\omega CR/2)-\tan^{-1}(\omega CR)\}}$ （極座標表示）

3. （1） $\dfrac{R+j\omega L}{(1-\omega^2 LC)+j\omega CR}$
   （2） $\fallingdotseq (11.0-j0.34)\Omega$

4. （1） $\boldsymbol{E}=E$, $\boldsymbol{I}=\sqrt{1+(\omega CR)^2}(E/R)e^{j\tan^{-1}\omega CR}$
   （2） $\boldsymbol{I}=(\sqrt{2}E/R)e^{j\pi/4}$ より下図のとおり．

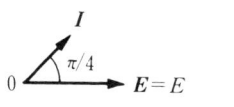

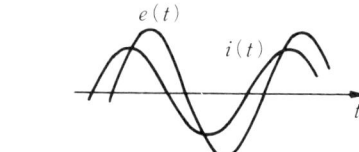

5. $\omega CR=1/\sqrt{3}$

6. インピーダンスは R となる.
7. $\omega = \sqrt{\dfrac{1}{LC} - \dfrac{1}{C^2 R^2}}$

第9章

1. （1） $V_C = I_r/j\omega_0 C$, $V_L = j\omega_0 L I_r$ と $\omega_0 L = 1/\omega_0 C$ より $V_C = -V_L$
   （2） $I_C = j\omega_0 C V$, $I_L = V/j\omega_0 L$ と $\omega_0 L = 1/\omega_0 C$ より $I_C = -I_L$
2. $253.3\text{pF} \sim 2.533\mu\text{F}$, $2\pi \times 10^{-3} \sim 2\pi \times 10^{-1}$
3. $R = 1\text{k}\Omega$, $C \fallingdotseq 165\mu\text{F}$
4. （1） $\omega_1 = -\dfrac{R}{2L} + \sqrt{\dfrac{R^2}{4L^2} + \dfrac{1}{LC}}$, $\omega_2 = \dfrac{R}{2L} + \sqrt{\dfrac{R^2}{4L^2} + \dfrac{1}{LC}}$
   （2） $\omega_2 - \omega_1 = R/L$ より明らか
5. $i(t) = -\dfrac{E_0}{R} + \dfrac{E_1}{\sqrt{R^2 + \left(\dfrac{\omega L}{1-\omega^2 LC}\right)^2}} \sin(\omega t - \theta)$

   ここに, $\theta = \tan^{-1}\{\omega L/(1-\omega^2 LC)R\}$
6. （1） $\dfrac{V_2}{V_1} = \dfrac{j\omega CR}{1 + j\omega CR}$
   （2） $\omega = 1/RC$　（3） $C = (1/40\pi)\mu\text{F}$
7. $R = r[\Omega]$, $C = 1/(\omega^2 l)[\text{F}]$, $|V|^2/8r[\text{W}]$

第10章

1. $Y = Z^{-1} = \dfrac{1}{R_1 R_2 + R_2 R_3 + R_3 R_1} \begin{bmatrix} R_2 + R_3 & -R_3 \\ -R_3 & R_1 + R_3 \end{bmatrix}$

2. $\begin{bmatrix} \dfrac{1}{R_1} + j\omega C & -j\omega C \\ -j\omega C & \dfrac{1}{R_2} + j\omega C \end{bmatrix}$

3. $z_{11} = \dfrac{A}{C}$, $z_{12} = \dfrac{AD - BC}{C}$

   $z_{21} = \dfrac{1}{C}$, $z_{22} = \dfrac{D}{C}$

   $y_{11} = \dfrac{D}{B}$, $y_{12} = \dfrac{BC - AD}{B}$

   $y_{21} = -\dfrac{1}{B}$, $y_{22} = \dfrac{A}{B}$

4. $F = \begin{bmatrix} 1 + j\omega CR & R \\ j\omega C & 1 \end{bmatrix}$

5. $\dfrac{\mu R_1}{(r + R_1)} \cdot \dfrac{R_L}{(R_0 + R_L)}$

6. （1）式(10-16)より

$$F = \begin{bmatrix} \dfrac{R_0 + R_1}{R_1 \mu^2} , & \dfrac{R_0 R_1 + R_0^{\,2}}{R_1 \mu^2} \\ \dfrac{R_0 + R_1}{R_1^{\,2} \mu^2} , & \dfrac{R_0 R_1 + R_0^{\,2}}{R_1^{\,2} \mu^2} \end{bmatrix}$$

（2）$\dfrac{R_1}{R_0 + R_1}\mu^2$

7. 式(10-25)より $V_1 \bar{I}_1 + V_2 \bar{I}_2 = 0$ となることから明らか

8. $a = \sqrt{\dfrac{300}{75}} = 2$

9. $L_2 = a^2 L_1, \quad C_2 = C_1/a^2$

索　引

あ　行

アドミタンス　112
アドミタンス行列　146
RLC 回路　78
アンペア　1
位　相　94
位相遅れ　94
位相進み　94
位相特性　120
インダクタ　65
インダクタ・抵抗（RL）回路　67
インダクタンス　65
インピーダンス　112
インピーダンス行列　146
インピーダンスレベル変換　154
枝　12
エネルギー　9
LC 回路　79
オームの法則　7

か　行

開　放　22
重ね合わせの定理　37
過渡状態　76
基本波　133
逆行列の計算法　159
キャパシタ　57
キャパシタ・抵抗（RC）回路　61
キャパシタンス　58
Q 値　128
共振回路　125
共振角周波数　83
共振周波数　83
キルヒホッフの電圧則　15
キルヒホッフの電流則　20
クーロン　1
KCL　20
KVL　16
減衰振動　85
コイル　65
合成抵抗　12
交流電源　5
混合した電源を含む回路　35
コンダクタンス　6
コンデンサ　57

さ　行

最大電力供給　52
最大電力供給問題　140
実効値　95
時定数　63
ジーメンス　6
縦続接続　151
従属電源　51
充　電　61
周波数特性　118
瞬時電力　71
初期状態　76
振　幅　94
振幅特性　120
正弦波信号　93
正弦波定常解析　107
整　合　53
静電容量　57
節　点　11

節点解析　31
ゼロ状態応答　76
ゼロ入力応答　76

た 行

第2高調波　133
単位と記号　158
端　子　11
短　絡　22
蓄積エネルギー　71
直流電源　5
直列接続　11
抵　抗　6
定常状態　76
テブナンの定理　47
電　圧　3
電圧源　5
電圧伝達関数　47
電圧伝達特性　130
電圧伝達比　47
電位差　2
電　荷　1
電　源　5
伝送（F）行列　147
電　流　1
電流源　5
電流源と電圧源の変換　43
電流分流回路　19
電　力　8
等価回路　45

な 行

内部抵抗をもつ電源　42
2端子対回路　145
2端子対回路のパラメータ　146
2ポート　146
ノード　11

ノートンの定理　47

は 行

反共振現象　130
非振動　84
微分方程式の解法　160
ファラド　58
フィルタ　131
フェザー　97
フェザー法　96
複素電力　139
フーリエ級数展開　132
分圧抵抗回路　14
平均電力　95
並列接続　17
閉　路　12
変成器　151
ヘンリー　65
放　電　63
ボルト　3

ま 行

無効電力　140

や 行

有効電力　140

ら 行

理想電源　42
理想変成器　152
臨界振動　85
ループ　12
ループ解析　26
ループ電流　27

わ 行

ワット　8

著 者 略 歴

浜田 望（はまだ・のぞむ）
- 1970年 慶應義塾大学工学部電気工学科卒業
- 1975年 慶應義塾大学大学院博士課程修了（電気工学専攻）
  工学博士
- 1984年 慶應義塾大学理工学部助教授
- 1991年 慶應義塾大学理工学部教授
- 現在　慶應義塾大学名誉教授

電子情報通信工学シリーズ　　　　　　　　　　　　Ⓒ 浜田 望 *2000*
電 気 回 路　　　　　　　　　　　　　　　【本書の無断転載を禁ず】
2000年4月25日　第1版第1刷発行
2023年9月5日　第1版第7刷発行

- 著　者　浜田　望
- 発行者　森北博巳
- 発行所　森北出版株式会社
  東京都千代田区富士見1-4-11（〒 102-0017）
  電話 03-3265-8341／FAX 03-3264-8709
  http://www.morikita.co.jp/
  日本書籍出版協会・自然科学書協会　会員
  JCOPY ＜（一社）出版者著作権管理機構　委託出版物＞

落丁・乱丁本はお取替え致します　　　印刷／モリモト印刷・製本／協栄製本

Printed in Japan／ISBN 978-4-627-70111-3

MEMO

MEMO